大廚常備菜

曾秀保（保師傅）
王瑞瑤——合著

目錄 Contents

Part 2 瓜果蔬菜類

Part 3 根莖筍類

Part 4 菇蕈類

常備菜，
冷熱皆可食的家常菜

文／曾秀保（保師傅）

常備菜是日本人的講法，中華料理沒有這種名詞；認真詮釋常備菜，應該是很有風味、冷熱皆可食的家常菜。

退休九年，自飯店後場走回家庭廚房，從不願煮飯到天天下廚，基本上我已經是一位標準的家庭煮夫了，只要在家吃飯一定是我來燒菜，漸漸發現家庭主婦真的很辛苦，尤其是職業婦女更是身體精神兩頭燒，難怪不少家庭根本不開伙，平日三餐全部外食，只有在假日才稍微有時間有心情走進廚房燒兩道菜。

常備菜的概念便是由此出發，雖然坊間流行常備菜有一段時日了，但皆以日式與西式食譜居多，打開冰箱就能開飯的中華常備菜付之闕如。因此著手規劃了總計收錄六十道菜餚、十七種基本法的《大廚在我家4：大廚常備菜》，讓大家在週休假日花些時間，炒製出幾道能吃上一個禮拜的可口小菜。

之前在家裡不管我做什麼菜，老婆大人王瑞瑤總是說好吃好吃，但是策劃這本常備菜時，她的意見卻很多，一直挑三揀四。她不懂，大多數的菜餚現炒現做一定好吃，一旦送進冰箱冰藏再食用，不管冷食或熱食多少都

會減分，所以動物油脂完全不用，部分食材我不碰，調味故意稍微加重，並非常強調收濃汁、點香油的最後收尾。

基本上，《大廚常備菜》這本食譜以普及廉價的食材、稍微簡化的配料、突出香味的手法、層次複雜的調味，設計出口味多樣又獨特，而且融合各地家鄉味的保師傅常備菜。

此外，以前在飯店做菜非常在乎完美，煮一道菜用三、四個鍋也不嫌麻煩，反正洗碗的又不是我；但是回家下廚，只要輪到老婆洗碗她都哎哎叫，所以也試著以家庭主婦的心情來做菜，例如一只不沾鍋用到底，中途不換鍋也不沖洗，或將食材拆開處理，最後混合調味，風味不減損，做菜更輕鬆。

積累四十多年來下廚與外食的經驗，並跟前三本「大廚在我家」系列所延續的精神一樣，將許許多多中華料理的食材基本處理方法融入其中，讓所有讀者也能像我一樣輕易在家做出下飯菜，也像我老婆一樣，天天吃著心愛的人所料理的美味佳餚。

調味要訣：

不是只加鹽巴就是吃原味、最健康，調味的目的是凸顯食材的美味與菜餚的層次感，要訣在用量與平衡。特別是強調多滋多味的下飯常備菜，加上保師傅有「調味魔術師」的封號，除了調味料以外，也善用有味道的材料來變化味道，例如：醬瓜、剝皮辣椒、臘肉、南乳、酸菜、冬菜、蝦子粉等，即使主材料只有一種，仍可變化多種風味。

冷熱皆宜：

常備菜強調冷熱皆可食，所以油一定是植物油，肉絕對是少油部位，而且熗鍋、爆香、燜燒、收汁絕對到位，讓食材充分烹製入味，才能達到冷食有冷香、熱食更噴香的效果。

保存方法：

炒好的菜不要留在鍋中散熱，一定要盛起來放在盤裡，但不要堆高成山，而是在中間挖一個洞，可加速散熱。等到菜餚冷卻至常溫，才能裝進可密封的玻璃容器裡，若帶有餘溫密封，就會悶出臭酸。每次取用都要保持菜餚的乾淨，用洗淨的筷或匙小心拿取，否則整盒菜容易壞掉變味。

不是剩菜：

常備菜不是剩菜的關鍵在食用方法，不管冷食還是熱食，都要取出適量盛盤再食用，而不是整盒拿出來吃；尤其是重新加熱時，千萬不能整盒加熱，而是取用適量再加熱，才能讓每一頓都像新鮮現做一樣，不會因為重複加熱菜餚而使味道走味如剩菜。

常備菜
食材處理基本法

美味藏在細節，大廚公開秘笈

白肉抓碼基本法

1. 希望菜色看起來白白淨淨的，都用白肉抓碼。
2. 適用於雞胸肉、豬肉、魚肉、蝦仁。
3. 用五指取代筷子，撒鹽抓黏，加水再抓，讓水吃進肉裡。
4. 加蛋白，再抓到蛋白吸附入裡（比例為兩斤肉配一粒蛋白），最後撒上薄薄一層太白粉，抓勻即可下油鍋。

紅肉抓碼基本法

1. 要讓菜色深沉、凸顯醬香，就用紅肉抓碼，最常用於牛肉、豬肉、鴨肉與雞腿。
2. 步驟如白肉抓碼，但鹽巴換醬油，蛋白改全蛋液。

金華火腿基本法

1. 購買修清的小塊淨肉，先水煮5分鐘去除油耗味。
2. 再蒸50分鐘即可勾出陳香美味。

乾燥小木耳基本法

1. 沖水洗淨，加水泡軟，去蒂洗沙。
2. 重新加冷水淹過，入鍋蒸30分鐘，直至柔軟出味。
3. 或可利用微波爐，同樣加冷水淹過，封膜或加蓋，以十成火力先打4分鐘，再以四成火力打3分鐘，連續打4次，前後共5次。
4. 撈出木耳，擠乾水分，即可涼拌或炒食。
5. 如果只有泡水發脹，口感不佳，香氣不顯。

乾香菇基本法

1. 沖水略洗，加水淹過。
2. 翻轉香菇，蒂頭朝上，入鍋蒸40分鐘，直至柔軟出味。
3. 或可利用微波爐，同樣加冷水淹過，封膜或加蓋，以十成火力先打4分鐘，再以四成火力打3分鐘，連續打4次，前後共5次。
4. 撈出香菇，擠乾水分，即可炒製或滷煮。

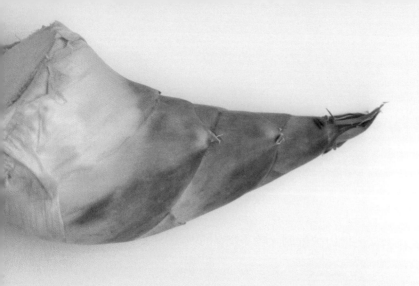

綠竹筍基本法

1. 竹筍搶新鮮，一買回家立刻要處理，否則愈放愈老。
2. 綠竹筍洗去表面泥土，再連殼乾蒸或水煮50分鐘。
3. 劃刀去殼，削掉老肉，即可使用。
4. 若不立刻使用，連殼完全放涼，用保鮮膜包好，冷藏可保存3天。

毛豆基本法

1. 毛豆置於水龍頭下，雙手抓洗脫膜，利用流水漂走豆膜。
2. 沸水加鹽加糖，滋味夠鹹夠甜，毛豆煮8至12分鐘，同時入味又定色。
3. 試過軟硬，瀝出迅速吹涼，避免色澤轉黃，即可拌入其他熟料食用。

雪菜基本法

1. 雪菜去根，排列整齊。
2. 粗梗劃刀，菜葉堆疊。
3. 細切成粒，略剁幾刀。
4. 泡水去鹹，瀝出擠乾。

貢菜基本法

1. 貢菜加冷水泡軟，約30至40分鐘，切去根部，折掉硬頭，撕去白筋。

2. 一一排列整齊，切成3公分長。

3. 擠乾水分，沖熱水泡5分鐘，再次瀝乾擠水。

4. 貢菜通常只用冷水發脹，但口感很韌又咬不斷，得再泡一次熱水，讓質地變軟脆，容易咀嚼不費力。

蝦子粉基本法

1. 蝦子粉用紹興酒攪成濕泥狀，放入拍裂的帶皮大蒜。
2. 封上保鮮膜，放入微波爐，以八成火力微波2分鐘，拿掉大蒜不用。
3. 蝦子因為吸飽紹興酒而膨脹出味，酒與蒜同時拔除腥氣。
4. 若不用微波，可改用電鍋蒸6分鐘亦可。

蓮藕基本法

1. 清水泡蓮藕，刷洗表面黏泥土。
2. 用削皮器和菜刀削除蓮藕表皮與凹陷或腐爛處。
3. 將蓮藕切片或切塊，以5%的醋水浸泡10分鐘，可維持漂亮藕色。

涼拌蓮藕基本法

1. 取不鏽鋼鍋煮沸一鍋水，水量比蓮藕多三倍，取水量1%的鹽巴調味，再加紹興酒、白胡椒粉、植物油少許。
2. 放入蓮藕浸煮1分鐘，瀝起鋪盤，攤涼即可與其他熟料涼拌。
3. 蓮藕入味不易，先入味，後涼拌，才有滋味。

紹子基本法

1. 炒鍋燒熱，加油潤過，放絞肉壓平成餅狀，煎香兩面至焦黃，再炒散成末。
2. 絞肉先煎後炒，味道更香，不易出水，去除肉腥，紹子用量不必多，就能畫龍點睛。

新鮮菇蕈基本法

1. 蕈菇不能碰水，否則香氣減弱，所以使用前不水洗，不汆燙。
2. 用乾布或牙刷把髒污清乾淨，烹調前先乾炒或烤乾，令質地緊實，香氣濃縮。
3. 乾炒是不加油的乾淨鍋子翻炒；烤乾則是送進攝氏120度的烤箱烤30分鐘。

梅干菜基本法

1. 拆開沖水1分鐘，洗淨去沙。
2. 泡水10分鐘，令其柔軟。（水留著，燒菜用。）
3. 移至水龍頭下漂洗4次，沖掉細沙。
4. 擠乾水分，切成1公分小段，乾鍋炒香回春。

湖南臘肉基本法

1. 清水略沖表面。
2. 淋上醬油、高粱酒，入鍋蒸40分鐘（蒸汁可炒菜）。

高湯基本法

1. 10公斤清水加5公斤材料，材料是雞豬骨混合，可取雞胸骨2公斤加豬梅花骨或尾冬骨3公斤。
2. 肉骨頭不汆燙，直接放進大火沸水裡，不必攪動，靜靜等待浮沫大量冒出。
3. 轉中小火，撈除浮沫約5分鐘。
4. 將火力調到最小，水不沸騰但見小魚眼泡，仍不必動材料，亦不必加蓋，保持小火泡煮4至5小時，使能取出清澈高湯。
5. 滋味鮮醇濃郁的清湯，用於燒菜、煮麵、湯、火鍋、砂鍋皆可。若是燒製以肉為主的菜餚，則取半水半高湯。
6. 高湯一次熬好，可分袋冷凍保存。

常用單位換算

1碗＝200克	半斤＝300克
1大匙＝15克	1斤＝600克
1小匙＝10克	1公斤＝1000克
1茶匙＝3克	
1兩＝37.5克（約莫40克）	

Part 1

肉蛋
海鮮類

芋頭牛肉粒

材料：

去皮芋頭500克、美牛嫩肩裡脊300克、大蒜6大粒、青蔥3枝。

調料：

植物炸油500克、紹興酒2大匙、醬油膏2大匙、烏醋1/3大匙、高湯2碗、鹽巴1/3茶匙、味精1/3茶匙、細砂糖1/3大匙、白胡椒粉1/3大匙。起鍋香油半大匙。

切配：

芋頭切1立方公分。大蒜拍扁切粗顆粒。青蔥切粒。牛肉切青豆仁大小，抓紅碼（見P.14，牛肉300克所需醃料為：醬油2大匙、蛋液2大匙、太白粉1.5大匙）。

做法：

1. 炸香芋頭：炸油燒至攝氏180度，投入芋頭，炸至表面金黃酥硬，一路保持大火，變色即可瀝起。
2. 炒熟牛肉：原鍋留油3大匙，保持中火，牛肉入鍋，筷子輕撥，炒散炒熟，加蓋熄火，餘溫燜熟，大約20秒，盛出備用。
3. 爆香調味：原鍋加油，爆炒蔥蒜，芋頭回鍋，加紹興酒、醬油膏、烏醋翻炒出香，倒入高湯與其他調味料拌炒。
4. 入味混合：煮沸加蓋，轉小火燜10分鐘，見芋頭已經鬆綿，倒入牛肉粒拌勻，淋香油即盛起。

 口感與滋味：

芋頭酥綿，鹹香開胃。

寧式乾煸牛肉絲

材料：

美牛嫩肩裡脊600克、青蔥4枝、嫩薑1小塊、大紅辣椒4條。

調料：

植物炸油500克、紹興酒2大匙、醬油4大匙、清水1碗、味精1/3茶匙、細砂糖1大匙、白胡椒粉1/3大匙。

切配：

牛肉切成寬0.8公分×長4公分的粗絲。紅辣椒去籽與青蔥、嫩薑均切細絲。

做法：

1. **一炸牛肉**：炸油燒至攝氏185度，放入整坨肉絲，筷子輕撥，開大火炸20秒瀝起。投入牛肉，小心油爆，一次炸是炸熟，讓表面脫水。
2. **二炸牛肉**：油溫再拉高至攝氏185度，牛肉回鍋再炸，試著拆開成絲，炸1分鐘瀝起，二次炸是炸乾。
3. **爆香調味**：原鍋留油3大匙，炒蔥薑椒直至乾煸變色，牛肉回鍋，熗紹興酒與醬油，翻炒1分鐘，加清水、味精等其他調味料。
4. **入味收汁**：煮沸轉小火，上蓋燜5分鐘，收汁試味，可添加醬油調整鹹度。

 口感與滋味：
另類牛肉乾，愈嚼愈香。

川式陳皮牛肉片

材料：

美牛嫩肩裡脊600克、中薑如大拇指般1塊、大蒜5粒、乾辣椒10支、花椒粒1大匙、陳皮6克。

調料：

植物炸油500克、辣油1大匙、米酒2大匙、醬油4大匙、柳橙汁2/3碗、細砂糖2大匙、鎮江醋半大匙、味精1/3茶匙、白胡椒粉1/3大匙。起鍋香油半大匙。

切配：

牛肉切0.8公分厚片，薑與蒜均剁末，乾辣椒剪短，陳皮掰小片。

做法：

1. 一炸牛肉：炸油燒至攝氏185度，放入牛肉，筷子輕撥，以大火炸30至45秒瀝起。投入牛肉，小心油爆。

2. 二炸牛肉：油溫再拉高至攝氏185度，牛肉回鍋再炸，炸1分鐘至1分20秒，直至牛肉表面微乾再撈起。

3. 爆香調味：原鍋留油3大匙，加入辣油，小火輕爆乾辣椒、花椒、陳皮，下薑蒜，放牛肉，熗米酒與醬油，翻炒出味，加柳橙汁等其他調味料翻炒均勻。

4. 入味收汁：煮沸轉小火，上蓋燜8分鐘，大火收汁，最後入香油。

口感與滋味：

柳橙風味濃郁，麻味隱隱發作，獨特而誘人。

豆豉炒肉粒

材料：

豬裡脊450克、蒜苗2枝、青蔥3枝、大紅辣椒2條。

調料：

植物油3大匙、甘味豆豉2大匙、米酒2大匙、醬油膏1.5大匙、味精1/3茶匙、細砂糖1/3大匙、白胡椒粉1/4大匙、清水3大匙。

切配：

豬裡脊切1.5公分厚片，兩面劃上淺格子刀紋，再切成1.5立方公分小粒，抓紅碼（見P.14，豬肉450克所需醃料為：醬油3大匙、蛋液1.5大匙、太白粉2又1/3大匙）。

蒜苗一切分白綠，蒜白切圓片，青蔥與大紅辣椒都切粒，蒜綠切1公分小段。

做法：

1. 炒熟肉丁：熱鍋熱油，滑炒豬肉，筷子輕撥，炒散炒熟，熄火加蓋，餘溫燜熟，大約20秒，盛出備用。
2. 爆香調味：原鍋加油，爆香蒜白、青蔥與辣椒，加入甘味豆豉、米酒等其他調味料，豬肉回鍋，大火炒乾，撒下蒜綠，翻拌起鍋。

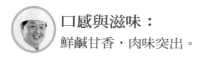

口感與滋味：

鮮鹹甘香，肉味突出。

山東燒雞

簡易雞腿飯

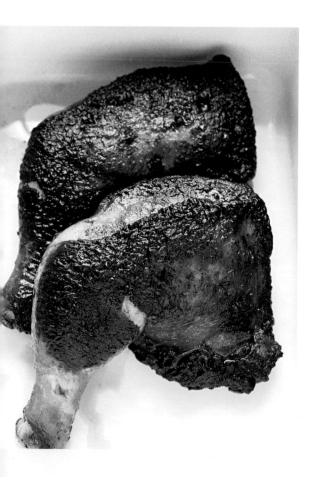

材料：
帶骨肉雞腿3支、小黃瓜3條。

醃料：
鹽巴1.5大匙、甜麵醬4大匙。

香料油材料：
青蔥3枝和中薑2塊拍裂、八角1粒、花椒半大匙、丁香8粒、桂皮4公分小段、草果1粒拍裂、月桂葉4片。

蒸雞調味料：
醬油3大匙、紹興酒3大匙、細砂糖1.5大匙。

做法：

1. 醃製雞腿：雞腿抹鹽，靜置20分鐘，塗上甜麵醬。

2. 煉香料油：熱鍋熱油，燒至冒煙，爐火轉小，先煎蔥薑，再入八角、花椒等所有香料，聞到香味，熄火瀝起，油料分離。

3. 煎炸雞腿：大火燒熱香料油，煎炙雞腿表面，先煎雞皮，見焦黃再翻面，不管生熟只管上色，雞皮煎焦也不必怕。

4. 蒸熟雞腿：電鍋外鍋加熱水，雞腿入內鍋，鋪上炸過的香料，淋上蒸雞調味料，蒸24分鐘，取出雞腿，拿掉香料，放冷備用，並瀝出蒸雞汁。

5. 調味雞汁：煮沸蒸雞汁，撈除浮沫浮油，倒出放涼。雞汁半碗兌上高湯半碗，再加蒜末3大匙、香菜末35克、細砂糖1/3大匙、白醋3大匙、香油1大匙、醬油1大匙，調出酸鹹味。

6. 組合山東燒雞：食用前，小黃瓜拍裂去籽，切成小段，鋪在盤底。雞腿拆肉，逆紋刀切成粗絲，淋上調味雞汁，拌勻即食。

 口感與滋味：
肉嫩瓜脆，汁酸開胃，蒜香濃郁。

紹子韭花皮蛋

材料：
皮蛋5個、韭菜花400克、豬絞肉150克、青蔥2枝、大蒜4粒、朝天椒4條。

調料：
植物油2大匙、辣油1大匙、米酒2大匙、醬油2大匙、細砂糖1茶匙、味精
1/3茶匙、白胡椒粉1/4茶匙、清水3大匙。另備起鍋香油半大匙。

切配：
皮蛋帶殼先蒸8分鐘，去殼再切2立方公分小丁。韭菜花先折去老梗，再切
0.8公分小粒，蒜瓣、朝天椒皆剁末。絞肉炒成紹子（見P.20）。

做法：
1. 韭花斷生：熱鍋加油，清炒韭花，撒鹽1/2茶匙，轉色盛起。
2. 爆香調味：原鍋加辣油，爆香蔥蒜椒，紹子回鍋，熗入米酒等其他調
   味料略炒。
3. 混合完成：下皮蛋，加清水，大火炒香，韭花回鍋，淋香油拌勻即
   起。

口感與滋味：
韭花翠綠，皮蛋軟Q，直追蒼蠅頭。

大頭菜乾炒肉絲

材料：

深色大頭菜乾兩塊、豆干5塊、豬裡脊300克、青蔥3枝，大蒜5粒、大紅辣椒2條。

調料：

植物油3大匙、米酒2大匙、醬油2大匙、清水1/3碗、味精1/3茶匙、細砂糖1/3大匙、白胡椒粉1/3大匙。

切配：

大頭菜乾切絲，泡水3分鐘，去味試鹹，擠乾水分，乾鍋炒香，盛起備用。蔥切段，蒜與椒切片。豆干與豬肉均切絲，豬肉抓紅碼（見P.14，豬肉300克所需醃料為：醬油2大匙、蛋液2大匙、太白粉1.5大匙）。

做法：

1. 煎香豆干：熱鍋熱油，取油稍多，煎香豆干。
2. 炒熟豬肉：熱鍋加油，豬肉入鍋，筷子輕撥，炒散炒熟，熄火加蓋，餘溫燜熟，大約20秒，盛出備用。
3. 爆香調味：原鍋加油，炒蔥蒜椒，大頭菜回鍋，炒出香氣，豆干回鍋，噴米酒、醬油等調味料炒香，肉絲回鍋拌勻。

口感與滋味：

大頭菜乾鹹又脆，眷村菜代表。

山東酥海帶

材料：
北海道昆布8條、柴魚4大匙，裝進紅茶袋或棉布袋中。

滷汁：
昆布水1200克、味醂6大匙、醬油180克、冰糖120克、烏醋3
大匙。

做法：
1. 清水發脹：北海道昆布加清水淹過，靜置一晚。
2. 捲起固定：整片捲實，牙籤固定。
3. 滷製入味：混合滷汁所有材料，放入昆布捲與柴魚袋，煮
   沸轉小火，上蓋煮50分鐘，浸泡40分鐘。
4. 刀切盛盤：取出昆布，放冷定型，抽掉牙籤，環切0.5公
   分，即可食用。

口感與滋味：
改良自山東名菜一鍋酥，但調味更時髦，做法更輕簡。

醬漬九孔

材料：

帶殼活九孔鮑16隻、中薑如大拇指般2塊、大紅辣椒3條、大蒜8粒。

醃汁：

米酒頭100克、醬油120克，味精1茶匙、細砂糖40克、烏醋25克，以及煮
九孔鮑的湯汁600克。

切配：

薑、蒜均切厚片。辣椒斜切成片，加入1%的鹽巴醃軟。

做法：

1. 冷水煮：冷水煮九孔鮑，用最大的耐性與最小的火力，煮至水冒金魚
   眼，浮起一層白泡沫，熄火不加蓋，浸泡8分鐘。
2. 放到涼：取出九孔鮑，殼朝上，肉朝下，避免乾硬。
3. 沸原汁：煮沸九孔鮑的湯汁，並撈除浮沫，冷卻備用。
4. 漬入味：醃汁加入薑蒜椒，淹過帶殼九孔鮑，浸泡一夜即可食用。

 口感與滋味：
九孔鮑柔軟彈牙，醬汁滲透入裡，是醃蜆仔的升級版。

紅油拌花枝

材料：

花枝淨肉400克、小黃瓜3條、大蒜5粒、大紅辣椒2條。

調料：

廣生魚露1大匙、辣油3大匙、味精1/3茶匙、鹽巴1/3茶匙、香油1大匙、
米醋半大匙。

切配：

小黃瓜切梳子刀。花枝切梳子片。蒜剁末、紅辣椒去籽切絲。

做法：

1. 醃小黃瓜：撒鹽，以小黃瓜淨重1%為比例，抓勻，出水，擠水備用。
2. 泡熟花枝：煮沸一鍋水，放入花枝並抖散，熄火上蓋，浸泡1分鐘，取
   出泡冰水，冷透再瀝乾。
3. 抓拌調味：所有材料與調料抓拌均勻，即可食用。

 口感與滋味：
花枝軟脆，黃瓜清脆，酸辣蒜味濃。

紅麴桂筍花枝

材料：

帶頭花枝6隻（選拳頭般大小）、桂竹筍800克、青蔥3枝、中薑如大拇指般2塊、大蒜6粒。

調料：

植物油4大匙、紹興酒2大匙、紅糟3大匙、味噌1.5大匙、蠔油3大匙、清水3碗、酒釀4大匙、味精1/3茶匙、細砂糖3大匙、烏醋1大匙。

切配：

桂竹筍撕掉外覆的筍蓉，用小刀劃開筍頭，撕出0.5公分寬的細長條，再切成4公分小段。花枝捲實，用牙籤固定。蔥切段，薑切片，大蒜拍裂。

做法：

1. 煎香花枝：熱鍋入油，爆蔥薑蒜，放入花枝，半煎半炒。
2. 調味燜煮：聞到香味，熗紹興酒，倒紅糟、味噌、蠔油先炒香，再加入其他調料與桂竹筍，煮沸轉小火，加蓋燜20分鐘，大火收汁即可。

 口感與滋味：

紅糟、味噌和酒釀三糟合體，香鹹甘甜。

糖醋芝麻鱈魚

材料：
鱈魚去骨淨肉300克、熟白芝麻粒4大匙。

醃料：
鹽巴半茶匙、紹興酒1大匙、白胡椒粉1/4大匙。另備太白粉2/3碗。

糖醋汁：
番茄醬2/3碗、米酒1大匙、細砂糖1/3碗、米醋1/3碗、清水4大匙、鹽巴1/4茶匙。另備香油半大匙。

切配：
鱈魚切2.5立方公分小塊，抓拌醃料，靜置5分鐘，一一沾裹太白粉備用。

做法：
1. 一炸魚熟：炸油燒至攝氏180度，鱈魚塊一一投入，炸熟定型，撈出。
2. 二炸魚酥：拉高油溫回到180度，鱈魚回鍋，炸酥炸硬，再瀝出。
3. 煮糖醋汁：倒出炸油，留油少許，加入所有糖醋汁材料，開大火煮至稍微濃稠。
4. 魚塊裹汁：滴香油，熄火，倒入鱈魚，快速拌勻，撒上熟白芝麻粒即可。

 口感與滋味：
口口酥脆，酸甜中帶有蜜香。

最難切的是竹筍

竹筍切法全教學

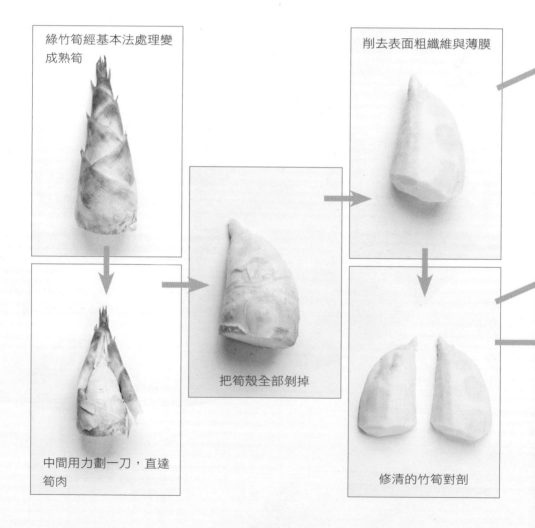

綠竹筍經基本法處理變成熟筍

削去表面粗纖維與薄膜

把筍殼全部剝掉

中間用力劃一刀,直達筍肉

修清的竹筍對剖

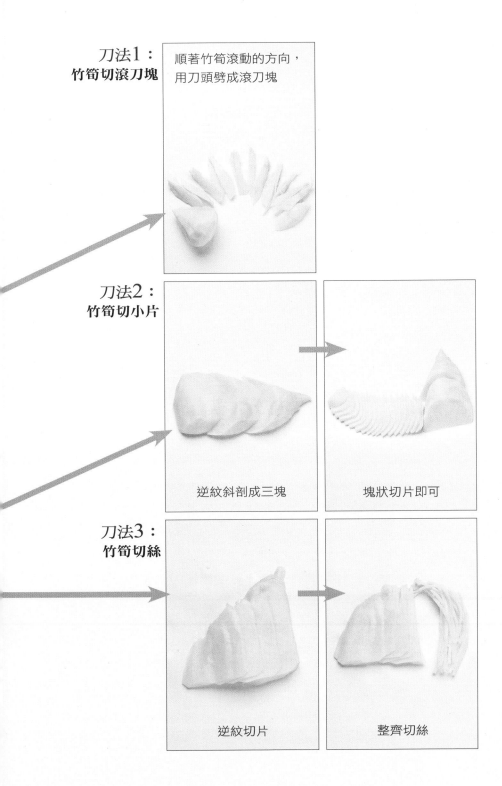

刀法1：
竹筍切滾刀塊

順著竹筍滾動的方向，
用刀頭劈成滾刀塊

刀法2：
竹筍切小片

逆紋斜剖成三塊

塊狀切片即可

刀法3：
竹筍切絲

逆紋切片

整齊切絲

論刀工

刀工除了美觀以外，最終目的關乎火候、時間與入味

簡而言之，刀工就是向相同的形狀看齊。

刀工並非胡亂斬剁，也非盲切要特技；主食材切細絲，副食材也要切絲，如果呈塊狀，其他也要比照辦理。因為刀工除了美觀以外，最終目的關乎火候、時間與入味。若是有的切絲，有的切塊，相互不一致，下鍋的結果便是有的軟、有的柴、有的還沒燒透，一盤菜亂七八糟，絕不會好吃。

絲，用於快炒與涼拌，以長5至6公分、寬0.3至0.4公分為最佳尺寸，適合快炒或入味。塊用於燜燒煮，小丁適合炒與拌，切片適合炒與燴，以上要視食材的特性決定燜煮時間；例如苦瓜，切小塊燜40至50分鐘，對切的大塊苦瓜船燜1小時以上，小塊翻拌上蓋即軟，大塊先倒扣盤子壓住浸汁，再上蓋燜煮；同樣是苦瓜，因為刀工會出現不同烹調細節。

刀法要練習，但買刀更是學問。中華料理最常使用兩把刀，一厚一薄都叫中華菜刀。薄刀稱為「片刀」，用於直切或橫片；厚刀分為「文武刀」與「骨刀」兩種，香港師傅使用的九江刀亦是文武刀，文武刀可切可剁，但不能剁大骨與豬腳，可剁開雞鴨骨和五花子排。骨刀，又稱剁

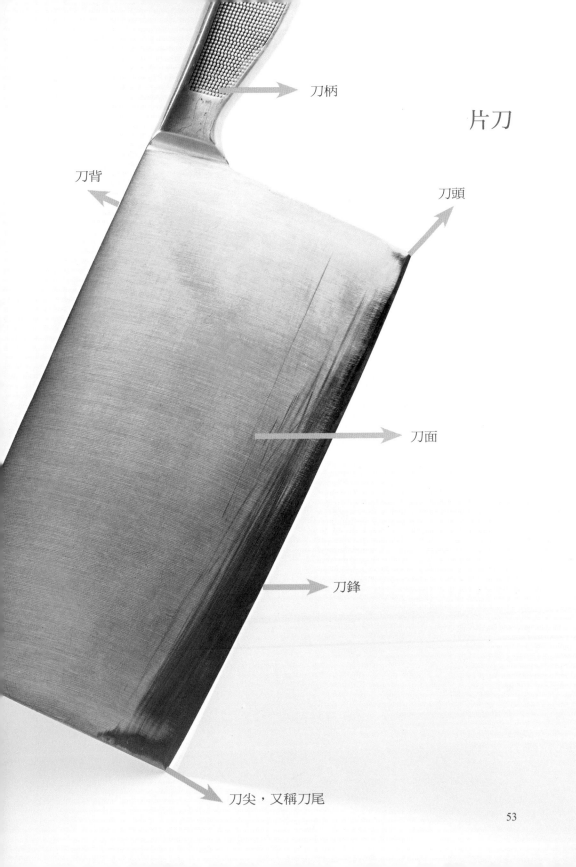

刀柄

片刀

刀背

刀頭

刀面

刀鋒

刀尖，又稱刀尾

骨刀

刀，是豬肉攤剁大骨的大刀子，只適合剁，不適合切，因為太重了，所以在家做菜只要買片刀和文武刀。

另外，食譜中以文字敘述切配等細節，許多入門新手經常看不懂，因為對菜刀的結構不了解，例如：拍大蒜用刀面，剁大蒜則要利用接近刀頭處的刀鋒，切番茄和柳丁等軟蔬果要從刀尾尖鋒下刀回拉，剁蝦泥用刀背，斬斷豬排大筋與替魚身劃刀則用刀尾。

切肉絲並非直切，直切也切不斷，而是採取拖刀法，從近刀尾處斜刀前推至刀頭方向；包括魚豬雞鴨等肉類蛋白質都用拖刀才能斷筋，不過有一個重要的前提，是菜刀一定要鋒利，否則切肉絲變鋸肉絲，會出現像狗啃一般的刀工。

有的食材就是痛快的刀中直切，例如：黃瓜、筍子、馬鈴薯、紅白蘿蔔等脆硬的根莖類食材，認識刀頭和刀尾，知道食材的施力點，再加上借力使力，要切得輕鬆，要切得精準，要知道從何處下刀，刀工就難不了你！

　　許多人對於順紋切與逆紋切感到困惑，如何分辨順逆紋更是一大挑戰，彷彿一旦下錯刀，全盤皆難咬。其實必須逆紋切的是牛肉與豬肉，一刀切下，觀察切面，切面呈現蜘蛛網般的點狀，小點點即是筋的斷點，肉被斷筋，質地變軟，咀嚼輕鬆。

　　至於順紋切，刀面出現白白一條條條紋狀，細條即是筋紋，筋沒被切斷，炒熟的組織不會斷裂，咬起來自然有韌勁。順紋切適用熟雞肉和魚肉，尤其是魚肉，若是逆紋切，炒熟了便碎裂成豆花，順紋切才能保持完整。而熟雞肉順紋拆絲才會一絲絲的很漂亮；生雞肉可逆可順，因為纖維柔軟不會碎裂。

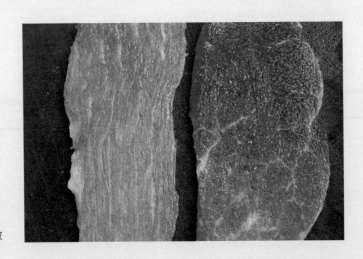

左：順紋，右：逆紋

Part 2
瓜果
蔬菜類

鹹蛋煸苦瓜

材料：

苦瓜2條、鹹鴨蛋4粒、青蔥2枝、大紅辣椒2條、大蒜4粒。

調料：

植物炸油600克、味精1/3茶匙、細砂糖半茶匙。

切配：

鹹鴨蛋去殼切碎，鋪平晾乾一晚。苦瓜去頭橫剖成二，用鐵湯匙挖籽去瓤，切成厚度0.3公分的半圓形。蔥蒜皆切末、辣椒去籽亦切末。

做法：

1. 一炸苦瓜：炸油燒至攝氏180度，投入苦瓜炸2分鐘，撈出。
2. 二炸苦瓜：升高油溫至攝氏180度，苦瓜回鍋再炸2分鐘，瀝油備用。
3. 煸香拌炒：原鍋留油3大匙，爆香蔥蒜椒，快炒鹹鴨蛋，見蛋黃冒泡，加味精、砂糖、苦瓜拌炒1分鐘即可。

 口感與滋味：
　　苦瓜略乾煸，口感稍脆，鹹香濃郁。

梅香酒釀苦瓜

材料：
苦瓜3條、青蔥2枝、中薑如大拇指1塊、白話梅1/3碗。

調料：
植物炸油400克、白醬油1大匙、紹興酒1大匙、清水3碗、酒釀2/3碗。

切配：
苦瓜去頭橫剖成二，用鐵湯匙挖籽去瓤，切成3×3公分塊狀。蔥薑切末。

做法：
1. 一炸苦瓜：炸油燒至攝氏180度，投入苦瓜炸2分鐘，撈出。
2. 二炸苦瓜：升高油溫至攝氏180度，苦瓜回鍋再炸2分鐘，瀝油備用。
3. 爆香出味：原鍋留油3大匙，爆香蔥薑，加白醬油、熗紹興酒等其他調料，煮沸1分鐘，撈掉蔥薑。
4. 燜煮入味：放入苦瓜與話梅，煮沸轉小火，加蓋燜50分鐘，記得中途翻拌4次。

口感與滋味：
質地酥軟，甘鹹微酸，十分清爽。

梅干燜苦瓜

材料：

苦瓜3條、筍乾1/3碗、梅干菜40克、乾香菇8朵、青蔥3枝、中薑2塊。

調料：

植物炸油400克、醬冬瓜2大匙、香菇素蠔油4大匙、紹興酒2大匙、梅干水400克、筍乾水400克、醬冬瓜汁1大匙、豆豉3大匙、味精半茶匙、細砂糖2大匙、白胡椒粉半大匙。

切配：

苦瓜去頭橫剖成二，用鐵湯匙挖籽去瓤。梅干菜經基本法處理（見P.20）。筍乾泡水發脹變軟，筍乾水留用。乾香菇經基本法處理（見P.15）再切絲，醬冬瓜壓碎。蔥切段，薑切片。

做法：

1. 油炸苦瓜：炸油燒至攝氏180度，投入苦瓜炸3分鐘撈起。
2. 爆香調味：原鍋留油4大匙，爆香蔥薑，下梅干、香菇、筍乾翻拌，加入醬冬瓜、素蠔油、紹興酒再次炒香。
3. 燒製入味：倒入梅干水、筍乾水與醬冬瓜汁，以及豆豉等其他調味料，煮沸轉小火，加蓋燜1小時即可。

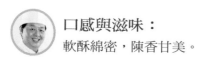

口感與滋味：
軟酥綿密，陳香甘美。

肉末金銀冬瓜

材料：

冬瓜1800克、豬梅花絞肉350克、鴻禧菇3包、青蔥3枝、中薑1塊、大蒜6粒。

調料：

植物油3大匙、醬冬瓜3大匙、醬冬瓜汁2大匙、醬油膏3大匙、紹興酒2大匙、高湯300克、清水1碗、味精1/3茶匙、細砂糖半大匙、白胡椒粉半大匙。

切配：

冬瓜去皮去籽去瓤，切成3立方公分小塊。蔥與蒜切粒，薑切片。鴻禧菇去根捏開。絞肉炒成紹子（見P.20）。

做法：

1. 爆香調味：熱鍋加油，爆香蔥薑蒜，下鴻禧菇，紹子回鍋，加入醬冬瓜與醃汁、醬油膏與紹興酒炒香。
2. 燜煮入味：冬瓜下鍋，加入清水高湯，以及其他調味料，煮沸轉小火，加蓋燜45分鐘。

 口感與滋味：
醬冬瓜燉煮鮮冬瓜，醬香瓜嫩。

塔香茄子

材料：
茄子4條、豬梅花絞肉180克、青蔥2枝、大蒜6粒、大紅辣椒3條、九層塔葉45克。

調料：
植物炸油600克、台式甘味辣豆瓣醬1大匙、醬油3大匙、米酒1大匙、清水2大匙、高湯3大匙、味精1/3茶匙、細砂糖1茶匙、白胡椒粉1/3大匙。起鍋用香油1/3大匙。

切配：
茄子切長滾刀塊。蔥切段、蒜切粗粒、辣椒斜切片。絞肉炒成紹子（見P.20）。

做法：
1. 炸茄子：炸油燒至攝氏180度，入茄子炸1分鐘，撈出瀝油。
2. 燜入味：鍋中留油2大匙，爆蔥蒜椒，紹子回鍋，加入辣豆瓣醬、醬油等其他調味料，加蓋燜2分鐘，大火收汁，起鍋前淋上香油與撒上九層塔葉。

 口感與滋味：
雖然傳統，卻是茄子料理的最經典款，醬香濃郁。

咖哩肉末茄子

材料：
茄子4條、豬梅花絞肉180克、香菜梗1大匙、紅蔥頭5粒、大蒜4粒、洋蔥
1/4顆、蘑菇1盒、番茄1個。

調料：
植物炸油600克、米酒1大匙、泰國魚露1/3大匙、蠔油2大匙、泰國是拉差
辣椒醬2大匙。馬來西亞鸚鵡咖哩粉1大匙、美國味好美咖哩粉1大匙、高
湯1/3碗、味精1/3茶匙、細砂糖半大匙。

切配：
茄子切長滾刀塊。香菜梗、紅蔥頭末、洋蔥均切末，大蒜與蘑菇切片。番
茄屁股劃十字，入熱水汆燙10秒，撕皮，切成青豆仁大小。絞肉炒成紹子
（見P.20）。

做法：
1. 炸茄：炸油燒至攝氏180度，入茄子炸1分鐘，撈出瀝油。
2. 炒醬：原鍋留油3大匙，爆炒香菜梗、紅蔥頭、大蒜與洋蔥末，放蘑
   菇，熗米酒，魚露、蠔油與是拉差辣椒醬翻炒出味。
3. 入味：加入番茄，撒進咖哩粉，炒散炒香，紹子與茄子回鍋，注入高
   湯、味精和細砂糖，上蓋燜2分鐘，大火收汁即可。

 口感與滋味：
咖哩燒茄子，噴香又下飯。

蘿蔔乾肉末茄子

材料：

茄子4條、豬梅花絞肉180克、碎蘿蔔乾50克、青蔥2枝、大蒜6粒、大紅辣椒2條。

調料：

植物炸油600克、台式甘味辣豆瓣醬1大匙、米酒1大匙、香菇素蠔油1.5大匙、清水1/3碗、味精1/3茶匙、細砂糖1/3大匙、白胡椒粉1/3大匙。

切配：

茄子切長滾刀塊。碎蘿蔔乾泡水3分鐘，擠乾，入乾鍋炒香回春。蔥切粒、蒜切片、辣椒斜切片。絞肉炒成紹子（見P.20）。

做法：

1. 油炸茄子：炸油燒至攝氏180度，入茄子炸1分鐘，撈出瀝油。
2. 爆香調味：原鍋留油2大匙，爆炒蔥蒜椒，下辣豆瓣醬略炒，噴米酒熗香，混合香菇素蠔油，紹子與蘿蔔乾回鍋拌炒，加入清水、味精等其他調料。
3. 燜煮混料：茄子回鍋拌勻，上蓋燜2分鐘即可。

 口感與滋味：
香濃微辣，咬到蘿蔔乾像中獎一樣開心。

茄子要現切現炸，否則超過3分鐘就冒出黑籽，口感變老。

臘香肉末豇豆

材料：

豬梅花絞肉240克、湖南五花臘肉65克、四季豆160克、酸豇豆180克、綠竹筍1支、青蔥3枝、大蒜6粒、朝天椒50克。

調料：

植物油2大匙、辣油1大匙、米酒2大匙、蒸臘肉汁1.5大匙、清水3大匙、味精1/3茶匙、細砂糖1/3茶匙、白胡椒粉1/3大匙。

切配：

湖南臘肉經基本法處理（見P.21）再削除上層肥油不用，臘肉切成米粒狀。四季豆用鹽糖水汆燙1.5分鐘，撈出泡冰水，切0.8公分小粒。酸豇豆亦切成同等小粒。綠竹筍經基本法處理（見P.16）再切成青豆仁大小。蔥蒜椒均切末。絞肉炒成紹子（見P.20）。

做法：

1. 爆香下料：熱鍋加兩種油，爆香蔥蒜椒，下臘肉炒出味，再放豇豆、熟筍、紹子。
2. 調味快炒：熗入米酒、蒸臘肉汁、清水等其他調料，大火快手翻炒收乾，起鍋前拌入熟四季豆即可。

口感與滋味：
酸鹹燻甘，軟硬脆爽，美味滿點。

肉片燜芸豆

材料：

豬裡脊肉240克、四季豆600克、青蔥3枝、大蒜6粒。

調料：

植物炸油600克、紹興酒1大匙、蠔油3大匙、高湯2/3碗、味精1/3茶匙、
細砂糖1/3大匙、白胡椒粉1/3大匙。起鍋用香油1/3大匙。

切配：

豬裡脊肉切片抓紅碼（見P.14）。四季豆撕老筋，一切為二。蔥切段、蒜
切粒。

做法：

1. 炸四季豆：炸油燒至攝氏180度，輕炸四季豆約30秒，至表面微透明，
   瀝出備用。
2. 炒熟肉片：熱鍋熱油，滑入肉片，筷子輕撥，炒熟炒開，熄火加蓋，
   燜至熟透，盛起備用。
3. 爆香調味：原鍋留油2大匙，爆蔥蒜，淋紹興酒、蠔油等其他調料，四
   季豆回鍋拌炒，上蓋燜1分鐘。
4. 拌入肉片：肉片回鍋，淋香油，翻拌即起。

口感與滋味：

醬汁清爽，肉片軟豆味香。

冷式乾煸四季豆

材料：
四季豆800克、蝦米3大匙、冬菜3大匙、豬梅花絞肉260克、中薑1塊、青蔥3枝。

調料：
植物炸油600克、紹興酒2大匙、蠔油2.5大匙、高湯1碗、味精1/3茶匙、細砂糖2大匙、鎮江醋2大匙、白胡椒粉半大匙。起鍋用香油半大匙。

切配：
四季豆撕老筋。蝦米泡水3分鐘，瀝乾剁末。冬菜與蔥薑皆切末。絞肉炒成紹子（見P.20）。

做法：
1. 一炸豆子：炸油燒至攝氏185度，投入四季豆炸1分鐘，撈出。
2. 二炸豆子：待油溫回升至攝氏185度，再下四季豆，同樣炸1分鐘撈出。炸兩次可脫乾水分，但小心油爆。
3. 爆香調味：原鍋留油1大匙，放薑末、蝦米、冬菜，以及紹子翻炒，四季豆回鍋，淋紹興酒、蠔油等其他調料。
4. 燜炒收乾：翻拌加蓋燜2分鐘，大火炒乾，起鍋前拌蔥花灑香油。

 口感與滋味：
豆子柔軟濕潤，鎮江醋的神來一筆，透出一股甘香。

香干筍菇雪裡紅

材料：
豆干6塊、雪菜600克、綠竹筍1支、甜紅椒1個、柳松菇4包。

調料：
花椒油、鹽巴、味精。

花椒油：
沙拉油＋花生油＋香油＝1杯，對上綠花椒粒1杯。

切配：
豆干汆燙2分鐘，泡冷水再瀝乾，切成骰子大小。雪菜只取梗，去頭汆燙20秒，泡水冷卻，切成0.8立方公分小丁，擠乾水分。綠竹筍經基本法處理（見P.16），亦切0.8公分大小。甜紅椒去籽，亦切成0.8立方公分，放進微波碗，封上保鮮膜，打微波30秒殺青。柳松菇去根捏開，送入120度烤箱烤30分鐘，最後也切成0.8公分大小。

做法：
1. 煉花椒油：混合三種油，小火加熱到攝氏100度，投入綠花椒粒，待油溫升至攝氏150度，轉極小火，慢炸4分鐘，熄火浸泡一夜，瀝渣取油。
2. 翻拌均勻：混合所有材料與調料，即可食用。

口感與滋味：
柔軟脆硬爽，五種口感交互爭輝。

酒醋彩椒

材料：
甜紅椒3個、甜黃椒3個。

調料：
橄欖油半碗、義大利陳年酒醋6大匙、蘋果醋2大匙、鹽巴半茶匙。

切配：
甜紅椒與甜黃椒去籽切大塊。

做法：
1. 煎炒甜椒：燒熱厚底鍋，加入橄欖油，翻炒甜椒至少6分鐘，直至甜椒微脫皮，表面有烙痕。
2. 熗醋調味：淋入兩種醋，撒進鹽巴，翻炒3分鐘，滋味更濃縮。

 口感與滋味：
義式開胃小菜，在家輕鬆做。

講火候

火候足時它自美

這菜，夠不夠香、入不入味，講的就是火候！

火候就是時間，快炒搶時間，燒燉耗時間，大家朗朗上口蘇東坡最著名的東坡肉，強調的便是「火候足時它自美」。

火候依食材分快慢，快者掌握火力大小與油溫高低，慢者為燒燴燜燉的時間長短；一定要上蓋縮短時間，令食物入味柔軟；一定要翻動上下均勻，令溫度保持一致；最後汁液收稠，呈現原汁原味。

身為中華民國中餐烹調技術士乙丙級監評，經常看到考生燒排骨不上蓋，亦不翻拌，即使入鍋燒了20分鐘，排骨還是沒有熟，因為火力根本沒有透裡，不懂火候原理自然拿不到證照。

火候三要訣：時間、上蓋、翻動，但是許多人誤會了火候，以為急吼吼的翻動，或是引火燒鍋子，就是火候掌握得很好。其實炒菜最好不要著火，著了火的食物會沾染煤油的味道，這完全是錯誤示範，但是燒酒雞或麻油雞等全酒料理又不一樣，引火自燃是為了燒掉酒精的嗆味而留下甘甜味。

家庭主婦在家炒菜不太喜歡用鍋蓋，理由是又要洗一個油膩膩的蓋子，乾脆別用；其實鍋蓋對於入味非常有幫助，即使是快燒法也要上蓋，食材走油八成熟，燜兩分鐘就入味，最常見的是茄子料理。

　　燒菜不用鍋蓋，菜煮不熟，燒不均勻，亦無法入味，最後也不懂開大火、汁收稠，達到不勾芡、自來芡的晶亮效果。

　　火候還代表鍋氣、鑊氣，也就是中華料理的靈魂，讓全球人都著迷且更勝法國菜與日本料理的技法，別的菜做不出來的香味，無論是快炒與燜燒，全都要經過辛香料爆香、調味料融合的工序。

　　在高溫熱鍋熱油下，不同食材經過觸鍋激發香味，嚴格說起來包括：蔥、薑、蒜、辣椒等辛香料，八角、花椒、桂皮等中藥材，醬油、料酒、豆瓣醬等發酵類調味料，所以食譜中才會一再強調「熱鍋熱油爆香」，「沿鍋邊淋或熗紹興酒與醬油」，「先炒香豆瓣醬或辣椒醬再加清水或高湯」，「煮沸轉小火，上鍋蓋燜煮幾分鐘」諸如此類等等重複文字敘述，乍看之下像是一套沒有變化的料理公式，也像是老媽媽嘮嘮叨叨的洗腦提醒，卻是火候的秘訣、美味的心法。

Part 3

根莖
筍類

媽媽味肉絲燜洋芋

材料：

馬鈴薯1個（約350克）、豬梅花肉240克、青蔥2枝。

調料：

植物油3大匙、紹興酒2/3大匙、白醬油1大匙、清水1又1/3碗。鹽巴1/3茶匙、味精1/3茶匙、白胡椒粉1/4大匙。起鍋用香油半大匙。

切配：

豬肉切絲再抓白碼（見P.14，豬肉240克所需醃料為：鹽巴1/3茶匙、蛋白2/3大匙、太白粉1大匙）。馬鈴薯切0.5公分寬度的中粗絲，泡水5分鐘再瀝乾。蔥切粒。

做法：

1. 炒熟豬肉：熱鍋熱油，滑入肉絲，筷子輕撥，炒熟炒開，熄火加蓋，燜至全熟，盛起備用。
2. 燜煮洋芋：原鍋加油，爆蔥炒芋絲，先熗紹興酒、白醬油與清水，煮沸轉小火，加蓋燜8分鐘，中途翻拌多次。
3. 完成調味：加鹽巴等其他調料，肉絲回鍋拌勻，起鍋淋香油。

 口感與滋味：

馬鈴薯入口成泥，簡單美味的家常菜，是保師傅最懷念的媽媽味。

醬燒芸豆芋艿

材料：

四季豆400克、芋艿10粒、柳松菇2包、青蔥3枝、大蒜6粒。

調料：

植物炸油500克、辣豆瓣醬1大匙、甜麵醬1.5大匙、黑豆瓣醬1.5大匙、紹興酒1大匙、清水1碗、味精1/3茶匙、砂糖2大匙、白胡椒粉半大匙。

切配：

芋艿洗淨，蒸25分鐘，用鐵湯匙刮掉外皮，切成適口小塊。四季豆撕去硬筋，洗淨晾乾，對切成二。柳松菇切除根部並捏鬆。蔥切成1.5公分小段、大蒜每粒切成4小粒。

做法：

1. 炸四季豆：炸油燒至攝氏180度，輕炸四季豆約30秒，至表面微透明，瀝出備用。
2. 炒香蕈菇：鍋中留油3大匙，煸蒜爆蔥，放柳松菇，炒到香味釋出。
3. 調味燜煮：三種醬料依序入鍋，噴紹興酒，放熟芋艿、清水、味精等其他調味料，煮沸轉小火，加蓋燜5分鐘。
4. 回鍋收汁：四季豆回鍋拌勻，加蓋再燜1分鐘，大火收濃即可。

 口感與滋味：
芋艿幼滑，芸豆軟透，甜鹹甘口。

雪菜拌脆藕

材料：
蓮藕3大節約800克、雪菜200克、青蔥2枝、中薑如大拇指般1塊。

調料：
植物油3大匙、紹興酒1大匙、煮藕水3大匙、鹽巴1/5茶匙、味精1/3茶匙、白胡椒粉1/4大匙。起鍋用香油1大匙。

切配：
蓮藕先經基本法處理（見P.18），輪切0.8公分厚片，分切6小方塊，再經涼拌基本法處理（見P.18）。雪菜亦經基本法處理（見P.16）。蔥薑均切末。

做法：
1. 炒香雪菜：熱鍋熱油，爆香蔥薑，放入雪菜，熗紹興酒等其他調味料，翻炒出味。
2. 調味混合：鋪平入味的熟藕，雪菜起鍋直接混合，甩入香油拌勻即可。

 口感與滋味：
雪菜與蓮藕呈現不同脆感與清香，顏色美，味清爽。

辣香拌蓮藕

材料：
蓮藕3大節約800克。

調料：
微甘的辣豆瓣醬3大匙、醬油半大匙、香油1.5大匙、細砂糖半大匙、味精1/3茶匙、辣油半大匙。（保師傅秘製辣油在《大廚在我家》第52頁與《大廚在我家2：大廚基本法》第214頁均有教做）。

切配：
蓮藕先經基本法處理（見P.18），輪切0.8公分厚片，分切6小方塊，再經涼拌基本法處理（見P.18）。

做法：
混合材料與調料，以手指抓拌均勻即可食用。

 口感與滋味：
蓮藕脆口，透出鹹辣微甜。

香滷蓮藕

材料：
蓮藕3大節約800克，一節節切開，兩端保留完整，仔細刷淨。

辛香料：
青蔥3枝切段、如大拇指般中薑1塊切片、香菜40克、帶皮大蒜5粒拍裂、大紅辣椒1條、八角2粒、白荳蔻8粒、桂皮3公分1段、草果1粒拍裂。

調料：
植物油3大匙、紹興酒3大匙、醬油1.5碗、清水1200克、細砂糖1碗、白胡椒粉2/3大匙、味精1茶匙、白醋1/4碗。

做法：
1. 快鍋煮軟：藕節放入快鍋加水淹過，水高超過一倍以上，上鍋蓋開大火，聞嘶嘶聲，轉小火煮55分鐘。
2. 刮除外皮：取出蓮藕，冷水沖涼，以鐵湯匙輕刮去皮，擺進湯鍋裡。
3. 調製滷汁：熱鍋熱油，爆炒辛香料，依序加入調味料，煮沸試味。
4. 燜煮入味：滷汁倒入湯鍋，煮沸轉小火，加蓋燜45分鐘，熄火，浸泡15分鐘，撈出放涼，切片食用。

 口感與滋味：
香氣馥郁，質地酥軟，甘鹹為主，味似老菜。

火濛雞絲茭白筍

材料：

茭白筍600克、四季豆200克、雞胸肉絲300克、金華火腿50克、青蔥3枝、中薑1塊。

調料：

植物油3大匙、鹽巴和清水少許、紹興酒1.5大匙、廣生魚露2大匙、高湯1碗。鹽巴1/5茶匙、味精1/3茶匙、白胡椒粉半大匙、紹興酒半大匙。起鍋用香油半大匙。

切配：

茭白筍與雞胸肉切絲，雞絲抓白碼（見P.14，雞絲300克所需醃料為：鹽巴半茶匙、蛋白1大匙、太白粉1又1/3大匙）、四季豆撕筋洗淨並斜切成絲、金華火腿經基本法處理再切絲（見P.14）、蔥薑均切末。

做法：

1. 炒熟雞絲：熱鍋熱油，滑入雞絲，筷子輕撥，炒熟炒開，熄火加蓋，燜至熟透，盛起備用。

2. 清炒豆子：原鍋加油，清炒四季豆，落鹽巴與清水少許，炒到變色斷生，盛起待涼。

3. 燜透茭白：原鍋再加油，先爆蔥薑，後炒茭白，熗紹興酒、廣生魚露與高湯，加蓋燜4分鐘。

4. 雞絲回鍋：加入鹽巴等其他調料，再熗一次紹興酒，放熟火腿絲與雞絲略炒，起鍋前淋香油。

5. 混拌完成：倒出茭白筍雞絲，與放冷的四季豆拌勻。

 口感與滋味：
冷透食用，火腿味濃，茭白軟脆，雞絲滑口。

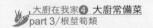
油燜浙醋桂竹筍

材料：
真空包熟桂竹筍約800克、乾香菇15朵、大蒜8粒、大紅辣椒4條。

調料：
植物油4大匙、紹興酒2大匙、醬油4大匙、蠔油5大匙、香菇水1碗、清水1碗、細砂糖2/3碗、鎮江醋半碗、白胡椒粉2/3大匙。起鍋用香油1大匙。

切配：
撕掉桂竹筍外覆的筍蓉，用小刀劃開筍頭，撕出0.5公分寬的細長條，再切成4公分小段。乾香菇經基本法處理（見P.15）再擠水切絲。大蒜粒拍裂略切、紅辣椒斜切成片。

做法：
1. 炒香調味：熱鍋熱油，爆炒蒜與椒，炒到咳嗽再放桂竹筍，趁鍋熱，熗紹興酒、醬油與蠔油，翻炒出味。
2. 燜煮入味：投放香菇絲，加香菇水與清水，以及其他調料，煮沸轉小火，加蓋燜30分鐘，中途翻拌3次。
3. 收汁淋油：開大火收濃汁，起鍋淋香油。

口感與滋味：
用鎮江醋燒桂竹筍，不但酸鹹微辣，還透出一股發酵陳香。

麻辣桂竹筍

材料：
真空包桂竹筍約800克、鹽水。

調料：
辣油5大匙、醬油1大匙、香油半大匙、細砂糖1/4茶匙、味精1/3茶匙、鹽巴1/3茶匙、寶川粗磨花椒粉1.5大匙。

切配：
撕掉桂竹筍外覆的筍蓉，用小刀劃開筍頭，撕出0.5公分寬的細長條，再切成4公分小段。

做法：
1. 煮筍入味：取鍋煮水，水沸加鹽，味道比喝湯還鹹，放入桂竹筍煮4分鐘。
2. 加料調味：撈出桂竹筍，瀝去水分，拌入調料即可食用。

 口感與滋味：
香鹹麻辣，逼出全身汗。

蝦子燜鮮筍

材料：
綠竹筍2大支、蝦子粉1大匙、青蔥2枝、中薑如大拇指般1塊。

調料：
植物油3大匙、紹興酒2/3大匙、蠔油2.5大匙、高湯1碗、味精1/3茶匙、砂糖1/3大匙、白胡椒粉1/3大匙、老抽1/4茶匙。另備起鍋香油1/3大匙。

切配：
綠竹筍經基本法處理（見P.16），對切之後，以刀頭半剁半剝成不規則長塊狀（見P.50～P.51）。蝦子粉經基本法處理（見P.18）。蔥切段、薑切片。

做法：
1. 炒蝦子粉：熱鍋熱油，爆炒蔥薑，聞到香味，撈掉蔥薑，放入蝦子粉快速翻炒。
2. 調味燜筍：依序加入紹興酒等其他調料，倒入熟筍拌勻，煮沸轉小火，加蓋燜15至20分鐘。
3. 收汁淋油：開大火收汁，淋香油起鍋。

蝦子粉即蝦籽，是乾燥的河蝦卵，聞起來帶腥氣，但有獨特鮮味，川浙魯粵等老菜常見，新派料理反而陌生。

口感與滋味：
蝦子粉的鮮香與蝦米、蝦皮不同，襯出竹筍的高級感。

酸菜燜筍

材料：

綠竹筍2大支、酸菜心150克、青蔥2枝、中薑1塊。

調料：

植物油、紹興酒1大匙、廣生魚露1大匙、清水2.5碗、白胡椒粉2/3大匙、味精1/3茶匙。起鍋用香油半大匙。

切配：

綠竹筍經基本法處理（見P.18），以刀頭半剁半剁成不規則長塊狀（見P.50～P.51）。酸菜切成1.5立方公分小塊。蔥切段、薑切片。

做法：

1. 爆香調味：熱鍋熱油，爆香蔥薑，加紹興酒、廣生魚露、清水，煮沸後撈掉蔥薑。
2. 燜煮入味：放進熟筍與酸菜，撒進白胡椒粉等其他調料，煮沸轉小火，加蓋燜30分鐘，中途翻拌3次。
3. 收汁淋油：開大火收濃汁，淋香油起鍋。

口感與滋味：

酸菜味透進了竹筍，竹筍緩和酸菜的刺激，美味很簡單。

蝦子煸芸豆茭白

材料：

四季豆500克、茭白筍500克、豬梅花絞肉300克、蝦子粉2大匙、蝦米3大匙、冬菜3大匙、青蔥3枝、中薑1塊、大蒜3粒。

調料：

植物炸油500克、蠔油2大匙、泰國魚露甩15下、紹興酒2大匙、清水2/3碗、味精半茶匙、砂糖3大匙、白胡椒粉2/3大匙。起鍋用白醋2大匙。

切配：

蝦子粉經基本法處理（見P.18）。

四季豆去筋對切成二，茭白筍切長條，長度如四季豆。

蝦米泡水3分鐘，撈出剁碎。

冬菜、蔥薑蒜皆剁末。

絞肉先炒成紹子（見P.20）。

做法：

1. 炸茭白筍：炸油燒至攝氏185度，入茭白筍，炸至表面微乾，邊角微黃，瀝出備用。

2. 炸四季豆：四季豆含水量高，需炸兩次才能脫水，油溫拉高到185度先炸30秒，瀝出豆子，再加熱油溫至180度，回鍋再一次，同樣30秒。

3. 爆香調味：鍋中留油3大匙，依序放入蝦米、冬菜、薑蒜、蝦子粉爆炒，甩進蠔油、泰國魚露、紹興酒，紹子、茭白筍與四季豆同時回鍋，加清水等其他調料。

4. 收汁淋醋：開大火炒入味，見收汁，撒蔥花，起鍋前沿鍋邊淋下白醋即起。

 口感與滋味：
鹹鮮甘甜，有微微酸氣，口感乾香。

談調味

吃飯不只求溫飽，調味好壞在用量

很多學生經常問我，調味料有指定品牌嗎？尤其是醬油香油之類的，所以做菜才會這麼香。而我的回答永遠是：「不管用什麼品牌，都能燒出保師傅的味道。」

我對調味從不設限，所以能用鹽巴、醬油，也能用魚露、蝦醬調味，家裡冰箱光是豆瓣醬就有十瓶以上，有川式、台式、客家等不同特性，顏色

也有黃、有黑、有紅，豆瓣亦分黃豆、黑豆或蠶豆，調味用糖除了細砂糖、二砂糖、冰糖、紅糖，也有日本三盆糖與泰國菜必用的棕櫚糖，甚至還有一款帶有蔗糖香又耐高溫的代糖，所以打開冰箱，拉開抽屜，檢視廚櫃，全是瓶瓶罐罐。

現代人重養生，認為調味只用鹽巴、甚至強調少油少鹽少糖，吃飯比照重症病患才健康，其實吃飯不只求溫飽，調味好壞在用量，多了雖然負擔大，少了沒滋沒味，而且做菜沒了調味做變化，只嚐本味其餘沒有，那還有什麼樂趣可言，一日三餐還有什麼好期待？

特別是中華料理，靠著千變萬化的醬料做出變化萬千的口味，調味的重要性在調製出菜餚的不同味道，而非使用現成綜合醬料只求方便入菜而已。

讀者在閱讀「大廚在我家」系列食譜時，很容易發現調味有一定的公式，除了炒菜用油以外，第一個下鍋的調味料一定是酒與醬，讓鍋中鑊氣混合酒香與醬香，略炒一、兩分鐘熗出香味後，加入高湯或清水，再把味精、細砂糖、白胡椒粉等其他調味料放進去，燜透食材再收汁，最後淋上一點兒香油做為收尾。

曾經在電視上看到一位長青級的烹飪節目主持人，跟廚師閒聊時談到中華料理總是千篇一律，最後非要拌香油才能起鍋，嫌此招太老套而不合用，把好好的菜餚都弄油了。我看到這段，啞然失笑，起鍋用的香油扮演點香的作用，所以老食譜都寫「起鍋點香油」，但現在怕年輕人看不懂，所以動詞從「點」改成淋／加／甩，愈寫愈白，反而模糊了「點」的精確意涵。

點，代表香油的用量不多，但一點點香油足以包覆菜餚的味道，增添和提升菜餚的風味與層次；很多人不懂點的竅門，直覺認定就是油很多，但臨門的最後一腳其實非常重要。

雖然調味料看起來差不多，每道菜下鍋的順序也一模一樣，但份量多寡與火力大小卻影響料理滋味。辣椒醬、豆瓣醬、蠔油、醬油都要先觸鍋，利用高溫熗出醬香，其中豆瓣醬更可去除酸味；讓油醬先混合，再加水燒製，菜餚容易起光澤，看起來更可口。

此外，讀者很容易就發現，我做菜從不排斥味精，至於雞粉則是非常少用。不管過去外界如何把味精妖魔化，直至今日平反味精不是毒藥，我以為關鍵還是在用量，其他調味料的標準也一樣，水可載舟亦可覆舟，氾濫使用不知節制，再好的調味料都有害身體。

四十年前剛入行時，看老師傅紅燒一個下巴，起手便是三分之一炒杓的

味精，那用量至少四、五大匙之多，所以下巴的味道死甜，甚至讓舌頭麻木，鎖住喉嚨，以至於什麼味道都嚐不出來。但適量加一點，可增加食物的味道，多了便走火入魔，所以本書不強調味精，也不反對味精，六至八人份的菜餚味精用量在1/3茶匙上下，即為1克不到。

以前在飯店專業廚房裡，所有調料都倒在佐料鉢裡，一字擺開清楚整齊，以杓舀起一氣呵成，但在家中做菜，調味料需要一瓶瓶倒出來，所以要懂得先熄火再調味，以免調味料還沒加完，菜糊了鍋焦底。

Part 4

菇蕈類

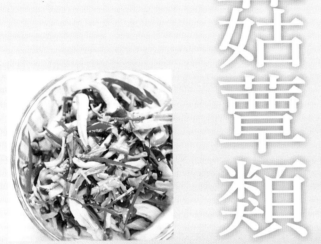

紹子番茄燒木耳

材料：

豬梅花絞肉300克、番茄3個、乾燥小木耳30克、朝天椒30克、大蒜6粒、
醃蕎頭50克、九層塔葉30克。

調料：

植物油2大匙、辣油1大匙、泰國是拉差辣椒醬3大匙、泰國魚露半大匙、
醬油1大匙、米酒2大匙、清水1.5碗、味精1/3茶匙、細砂糖2大匙、白胡
椒粉半大匙。起鍋用香油半大匙、檸檬1.5顆擠汁。

切配：

乾木耳經基本法處理（見P.15）。醃蕎頭與大蒜皆切成米粒大小。番茄屁
股畫十字，入熱水汆燙10秒，撕皮，切成青豆仁大小。絞肉炒成紹子（見
P.20）。

做法：

1. **爆香調味**：熱鍋加兩種油，爆炒朝天椒、大蒜、蕎頭與番茄，紹子與
   木耳回鍋略炒，加入是拉差辣椒醬等其他調味料，煮沸轉小火，上蓋
   燜15分鐘，中途翻拌1至2次。
2. **收汁加料**：開大火收汁，起鍋前淋入香油和檸檬汁，盛起放冷，拌入
   九層塔葉。

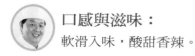 **口感與滋味：**
軟滑入味，酸甜香辣。

醋溜川耳

材料：
乾燥小木耳50克、嫩薑3小塊。

調料：
醬油2大匙、細砂糖3大匙、五印醋3大匙、烏醋2大匙、香油5大匙。

切配：
乾木耳經基本法處理（見P.15）。嫩薑切細絲。

做法：
混合所有材料與調料，抓拌均勻即可食用。

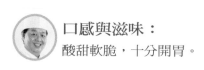

口感與滋味：
酸甜軟脆，十分開胃。

西芹香辣川耳

材料：

乾燥小木耳40克、西芹6片、大紅辣椒3條、大蒜6粒。

調料：

辣油2大匙、醬油2大匙、鹽巴1/3茶匙、味精1/3茶匙、細砂糖1/3大匙、鎮江醋4大匙。

切配：

乾木耳經基本法處理（見P.15）。西芹反折撕除老筋，再切成適口菱形。辣椒去頭，橫劈去籽，亦切成菱形。蒜剁末。

做法：

1. **汆燙蔬菜**：沸水汆燙西芹，8秒後再投入辣椒燙3秒，瀝出蔬菜，丟進冰水，降溫定色，瀝乾水分。
2. **調味完成**：混合所有材料與調料，抓拌均勻即可食用。

 口感與滋味：
酸鹹辣微微甘，軟中帶脆。

泰味肉片雙耳

材料：

乾燥小木耳40克、新鮮白木耳1盒、紅蔥頭12粒、洋蔥1個、無籽小葡萄250克、火鍋用裡脊肉片400克、朝天椒40克、大蒜6粒、小番茄1碗、香菜70克。

調料：

泰國是拉差辣椒醬4大匙、泰國魚露1.5大匙、鹽巴半茶匙、細砂糖3大匙、檸檬3顆擠汁、蘋果醋1大匙。

切配：

乾木耳經基本法處理（見P.15）。白木耳捏去蒂頭，摘成黑木耳般大小。紅蔥頭、朝天椒與大蒜皆切末。洋蔥切絲，聖女番茄對開秀剖面。裡脊肉片一切二。

做法：

1. **汆燙材料**：煮沸一鍋水，先放白木耳，燙30秒，撈出瀝水，原鍋煮沸，再燙肉片，涮熟瀝起，放入冷開水，漂冷再瀝出。
2. **調味完成**：混合所有材料與調味，翻拌均勻即可食用。

 口感與滋味：
視覺花團錦簇，味覺熱情奔放，是沙拉亦是冷菜。

紹子辣炒金菇

材料：

豬梅花絞肉300克、白金菇3包、乾燥小木耳20克、甜紅椒2個、大蒜6粒、
大紅辣椒2條。

調料：

植物油3大匙、辣豆瓣醬3大匙、紹興酒1大匙、醬油1大匙、高湯1碗、味
精1/3茶匙、白胡椒粉半大匙、細砂糖1茶匙。起鍋用香油半大匙。

切配：

白金菇剪根拆散，洗淨瀝乾。乾木耳經基本法處理（見P.15）再切絲。甜
紅椒去籽切絲，大蒜剁成末。豬肉炒成紹子（見P.20）。

做法：

1. 氽燙金菇：沸水氽燙金菇40秒，撈出洗淨表面黏液，瀝乾水分備用。
2. 炒軟甜椒：熱鍋熱油，爆香椒蒜，再放辣豆瓣醬略炒，淋進紹興酒與
   醬油熗香，倒入金菇、甜椒與木耳翻拌，加入高湯、味精等其他調味
   料，煮沸轉小火，上蓋燜12分鐘。
3. 收汁淋油：大火收汁，起鍋前下香油。

 口感與滋味：
金菇柔軟滑口，鹹辣味香。

茄汁毛豆蘑菇

材料：

毛豆600克、蘑菇2盒約400克、洋蔥半個。

調料：

植物油3大匙、米酒1大匙、泰國是拉差辣椒醬2大匙、番茄醬4大匙、醬油膏1.5大匙、細砂糖2.5大匙、味精1/3茶匙、烏醋1大匙、白胡椒粉1/3大匙、清水2/3碗。起鍋用粗顆粒黑胡椒粉。

切配：

毛豆經基本法處理（見P.16）。蘑菇切片，洋蔥切成青豆仁大小。

做法：

1. 炒蘑菇：熱鍋熱油，爆炒洋蔥，洋蔥變軟再下蘑菇，翻拌出味，放入米酒等其他調料，加入清水上蓋燜5分鐘。
2. 入毛豆：大火收汁，毛豆回鍋，翻炒1分鐘，撒上粗顆粒黑胡椒即起。

 口感與滋味：

酸酸甜甜微微辣，是一種很大人味的西餐風格。

醬滷冬菇

材料：
直徑4公分的乾香菇15朵、青蔥3枝、中薑2塊。

調料：
葵花油3大匙、蠔油2大匙、紹興酒2大匙、醬油膏2大匙。香菇水2碗、味
精1/3茶匙、細砂糖2大匙、白胡椒粉1/3大匙。起鍋用香油半大匙。

切配：
乾香菇經基本法處理（見P.15）。蔥切段、薑切片。

做法：
1. **爆香醬料：**熱油爆蔥薑，再加蠔油、紹興酒、醬油膏炒香，放入香
   菇，翻炒1分鐘。
2. **滷製入味：**倒入香菇水，淹至九成高，放味精等其他調料，煮沸轉小
   火，加蓋燜20分鐘，中途翻拌2次，見汁收濃，起鍋淋油。

口感與滋味：
香菇像水床，一咬爆汁，軟中帶Q，味甘鹹甜。

涼拌杏鮑菇

材料：

杏鮑菇800克、鴻禧菇2包、貢菜40克、乾木耳25克、大紅辣椒2條、榨菜5克。

調料：

味原液或白醬油2大匙、鹽巴半茶匙、味精半茶匙、細砂糖2/3大匙、五印醋或白醋2/3大匙、黑胡椒粉2/3大匙、香油5大匙。

切配：

杏鮑菇從根部先畫格子刀，再手撕成小指頭般大小粗細，鴻禧菇去根捏開。貢菜經基本法處理（見P.17）。乾木耳經基本法處理（見P.15）再切絲，辣椒去籽亦切絲。榨菜切成寸段細絲，泡水3至5分鐘，視鹹度決定泡水時間，擠乾水分備用。

做法：

1. **乾炒蕈菇**：將雙菇均勻鋪平在烤盤中，送入攝氏120度的烤箱裡，烤上30分鐘，使風味濃縮。
2. **調味完成**：混合所有材料與調料，翻拌均勻即可食用。

 口感與滋味：
收乾水分的蕈菇，香氣明顯而立體，口感爽脆又鮮美。

貢菜又名山海蜇，日本人也喜歡。

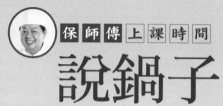

保師傅 上課時間

說鍋子

懂得熱鍋潤油，炒什麼菜都難不倒！

家庭主婦做菜，最理想的當然是一鍋到底，可是回頭看廚房，鍋子數十把，沒有一把真正好用，其實不是鍋子不好，而是你不會用鍋。

不沾鍋好用，但炒菜沒鑊氣，翻拌難均勻，雖然煎魚滑肉都用不沾鍋，連煎麵糊做麻糬也可以用不沾鍋，但往往美味不如預期。問題的癥結在於消費者受到廠商與代言人的影響，使用不沾鍋都太秀氣（更甚者是沒有買到好的不沾鍋），不敢開大火燒熱鍋子，怕傷到塗層只用筷子輕輕撥弄，貪圖一鍋到底的方便，反倒忍受差不多就好的滋味，實在很可惜。

不沾鍋好用，除了不沾，最重要是用油量少，我用不沾鍋滑炒肉絲，發現顛覆了過去傳統的過油，一樣能達到嫩熟的目的，不必使用大量溫油泡熟，而是利用不沾的特性，花些時間，燒熱鍋子，肉絲抓碼先炒散，熄火加蓋，最後餘溫燜熟，再混合其他食材快速拌炒，用油不多，效果相當。

其實有一只黑乎乎的中華鐵鍋，就能搞定所有中華料理，煎魚炒菜燒肉煮湯全沒問題；但沒跟著父母長輩進過廚房的人，使用中華炒鍋時一定很受挫，因為長時間受到不沾鍋廣告與養生料理的影響，在冷鍋冷油之下，肉蛋豆干等食材一進去就黏鍋焦底，甚至連炒個青菜也不會香，遇到中華炒鍋好像走進少林十八銅人陣，一下子就被打趴了。

打通中華炒鍋不沾鍋的任督二脈就是熱鍋潤油，開大火徹底燒熱鍋子直至冒煙也別害怕，火轉小再放油，油量要足夠，足以前後左右在鍋子裡溜一圈，此鍋就成不沾鍋。中華炒鍋薄而輕巧，導熱快、炒菜快，又容易保養，洗淨、燒乾、塗油便不會生鏽，每次做菜都從熱鍋潤油開始，炒什麼菜都難不倒。

不光是鐵製的中華炒鍋、流行的鑄鐵鍋，乃至於不鏽鋼鍋，都要使出熱鍋潤油這招，如果經常看電視購物，很容易就發現烹飪老師PK兩只不

鏽鋼鍋,自家的鍋子煎魚滑溜溜,別人家鍋子煎魚黏死死,但只要仔細瞧,就會發現那只號稱不沾的不鏽鋼鍋,事先被大火燒成微黃色,這是烹飪老師賣鍋子絕對不會說出來的秘密。

　　有讀者看了《大廚在我家2:大廚基本法》之後,終於知道花了很多錢、買了很多年的彩色鑄鐵鍋,原來要開大火聚熱片刻之後,煎魚煎牛排才會不沾鍋,從此發現鑄鐵鍋的優點。其實鑄鐵鍋適用長時間燉煮的菜餚,底要厚、蓋要重,等於上下夾攻,燉食物不易燒焦,容易柔軟入味。

同樣西餐常用、現在也很流行的銅鍋，除了煎魚煎牛排，也適合紅燒豬腳，但銅鍋價格偏高，使用機會不多，保養有點難度，像鑄鐵鍋一樣，一般家庭廚房是否需要，值得考慮再三。不過銅鍋聚熱效果更強，煎魚直比米其林餐廳名廚的手藝，外皮酥脆魚肉含汁，但仍要遵守燒鍋熱鍋的鐵律，否則一樣黏得亂七八糟，整尾魚皮開肉綻不成形。

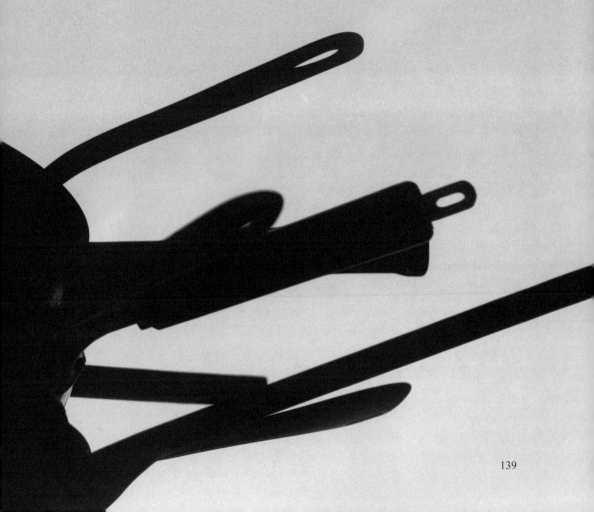

Part 5

豆類與加工品

酸菜肉絲麵腸

材料：

客家酸菜180克、豬裡脊肉240克、麵腸450克、青蔥2枝、
中薑如大拇指般半塊、大紅辣椒2條、大蒜5粒。

調料：

植物炸油400克、米酒1大匙、醬油膏2大匙、味精1/3茶匙、細砂糖1/3大
匙、白胡椒粉1/3大匙、清水半碗。起鍋用香油半大匙。

切配：

客家酸菜切末，先試味，若不死鹹，直接擠水備用；若很鹹，泡水3至5分
鐘，瀝出擠水，再用乾淨無油的鍋子炒香回魂。麵腸橫劈成長片，再斜切
成0.4公分。蔥切段，薑切絲，辣椒切斜片，大蒜拍裂切粗粒。豬肉切絲
抓紅碼（見P.14，豬肉240克所需醃料為：醬油1.5大匙、蛋液1.5大匙、太
白粉1大匙）。

做法：

1. 煎香麵腸：炸油燒至攝氏180度，下麵腸，煎成金黃，去除生味，盛出
   備用。
2. 炒熟肉絲：原鍋留油3大匙，滑入肉絲，筷子輕撥，炒熟炒開，加蓋燜
   透，盛起備用。
3. 爆香調味：原鍋加熱，爆香蔥薑蒜椒，拌勻客家酸菜與麵腸，加入米
   酒等所有調料，煮沸轉小火，加蓋燜2分鐘。
4. 回鍋拌勻：肉絲回鍋，甩進香油，拌勻即起。

 口感與滋味：
甘鹹酸微微辣，下飯好菜。

木耳鮮筍麵腸

材料：

麵腸500克、帶殼綠竹筍1支、乾木耳20克、青蔥3枝、中薑如大拇指般 1塊。

調料：

植物炸油400克、香菇素蠔油5大匙、紹興酒2大匙、泡木耳水600克、味精1/3茶匙、細砂糖3大匙、白胡椒粉1/3大匙。起鍋用香油半大匙。

切配：

綠竹筍經基本法處理（見P.16），對切成二，斜劈成六，再切成0.5公分小厚片（見P.50～P.51）。麵腸斜切成橢圓形，厚度為0.5公分。蔥切段、薑切片。乾木耳經基本法處理（見P.15）。

做法：

1. 炸黃麵腸：炸油燒至攝氏180度，下麵腸炸至金黃、香脆。
2. 爆香調味：原鍋留油3大匙，爆香蔥薑，先甩進香菇素蠔油、紹興酒炒香，再放熟筍、木耳和麵腸拌炒。
3. 燜燒入味：加入木耳水等其餘調料，煮沸轉小火，加蓋燜30分鐘，每10分翻一次，待汁收乾，試味調整，起鍋淋香油。

 ### 口感與滋味：

鹹甜適中，口感軟Q，味似燴麩。

芹菜肉絲豆干

材料：

中芹400克、豆干6塊、豬裡脊肉240克、青蔥3枝、大蒜5粒、大紅辣椒2
條。

調料：

植物炸油400克、紹興酒1大匙、醬油1大匙、高湯1/3碗、味精1/3茶匙、
細砂糖1茶匙、鹽巴1/3茶匙、白胡椒粉1/3大匙。另備香油半大匙。

切配：

豬肉抓紅碼（同〈酸菜肉絲麵腸〉，見P.142）。中芹拍裂再切成4公分小
段。豆干直切0.4公分厚片。蔥切段、蒜切片、辣椒帶籽切斜片。

做法：

1. 輕炸豆干：炸油燒至攝氏175度，輕炸豆干30秒，瀝起備用。
2. 炒熟肉絲：原鍋留油3大匙，滑入肉絲，筷子輕撥，炒開炒熟，盛起備
   用。
3. 爆香調味：原鍋加熱，爆香蔥蒜椒，噴紹興酒與醬油，豆干回鍋，加
   高湯與其他調料，上蓋燜2分鐘，讓豆干吸味膨脹。
4. 回鍋拌勻：加入芹菜快翻，肉絲回鍋拌勻，起鍋前滴香油。

 口感與滋味：
香鹹甘美，芹菜香脆，豆干入味。

花瓜肉絲豆皮

材料：

脆口醃花瓜一罐（連汁重500克）、炸豆皮捲150克、豬裡脊肉300克、青蔥3枝、中薑1塊。

調料：

植物油3大匙、花瓜汁1/3罐、紹興酒2大匙、醬油1大匙、細砂糖2大匙、味精1/3茶匙、白胡椒粉1/3大匙、清水4大匙。

切配：

花瓜切絲、蔥切段、薑切絲。豆皮捲入沸水，加蓋浸泡5分鐘，沖水去油，擠乾切絲。豬肉抓紅碼（同〈酸菜肉絲麵腸〉，見P.142）。

做法：

1. 炒熟肉絲：熱鍋熱油，滑入肉絲，筷子輕撥，炒開炒熟，瀝出備用。
2. 爆香調味：原鍋加油，先爆蔥薑，再炒豆皮，加入花瓜汁等其他調料，倒入花瓜，轉中火翻炒2分鐘，肉絲回鍋拌勻。

 口感與滋味：
此菜來自知名鬆糕老店——永和袁太太的教做，是上海崇明的家鄉口味。

XO醬拌豆皮

材料：
薄片生豆包8片、貢菜40克、乾木耳15克、大蒜5粒、大紅辣椒3條、香菜60克。

調料：
植物炸油400克、XO醬5大匙、芥末籽醬3大匙、廣生魚露2大匙、味精1/3茶匙、白胡椒粉1/3大匙、細砂糖1/4大匙、米醋1/3大匙、香油3大匙、辣油1/3大匙。

切配：
貢菜經基本法處理（見P.17），再切成2公分小段。乾木耳經基本法處理（見P.15）再切絲。蒜切末、辣椒斜切片、香菜略切碎。

做法：
1. 炸香豆包：熱鍋熱油，豆包從鍋邊滑入，小心油爆並沾黏鍋底，煎炸起泡至兩面金黃，放涼對切，再切出0.6公分粗絲。
2. 拌勻入味：混合所有材料與調料，用手抓拌均勻。容易變黑的香菜，食用前再拌進去。

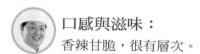

口感與滋味：
香辣甘脆，很有層次。

油燜豆包

材料：
厚片生豆包6片、中型乾香菇18朵、紅蘿蔔2條、中薑1塊、八角半粒。

調料：
植物炸油400克、香菇素蠔油120克、紹興酒2大匙、泡香菇水600克、味精1/3茶匙、細砂糖2.5大匙。另備起鍋香油半大匙。

切配：
乾香菇經基本法處理（見P.15），擠水再切成0.6公分粗絲。紅蘿蔔切成0.6公分的三角片，薑亦切片。

做法：
1. 炸香豆包：熱鍋熱油，豆包從鍋邊滑入，小心油爆並沾黏鍋底，煎炸起泡至兩面金黃。
2. 調味燜煮：熱鍋留油3大匙，爆香薑片與八角，放入香菇與紅蘿蔔，以及所有調料，煮沸放豆包，上蓋轉小火，燜10分鐘，豆包翻面再燜10分鐘，開大火收汁，淋入香油即可。

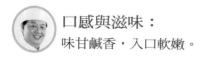 **口感與滋味：**
味甘鹹香，入口軟嫩。

蕈菇炒百頁

材料：

百頁豆腐3塊、鴻禧菇2包、蘑菇1盒、新鮮香菇10朵、青蔥3枝、大蒜5
粒、蒜苗2枝。

調料：

花生油3大匙、紹興酒1大匙、沙茶醬4大匙、蠔油2.5大匙、泰國魚露甩6
下、泰國是拉差辣椒醬1.5大匙、清水1/3碗、味精1/3茶匙、細砂糖1/3大
匙、白胡椒粉1/3大匙。另備香油半大匙。

切配：

百頁豆腐對角切成兩條長三角形，再切成厚約0.5公分的三角片，入沸水
汆燙20秒。鴻禧菇去根捏散、蘑菇切片、新鮮香菇去柄切片。蔥切段、蒜
切片、蒜苗斜切成小片，並分開蒜白與蒜綠。

做法：

1. 爆炒蕈菇：熱鍋熱油，爆香蔥蒜與蒜白，倒入三種菇慢慢炒乾炒香。
2. 調味拌勻：放進百頁豆腐小心翻動，加入紹興酒等其他調料拌勻，撒
   進蒜綠，甩進香油，翻拌即起。

 口感與滋味：
沙茶味濃，微辣甘鹹，百頁吸味，蕈菇柔軟。

南乳滷花生

材料：

帶皮乾花生600克、綠竹筍1支、乾木耳15克、青蔥2枝、中薑1塊、大蒜5
粒。

調料：

花生油3大匙、南乳3大塊、南乳汁2大匙、蠔油3大匙、紹興酒2大匙、蒸
花生的水600克、八角半粒、味精1/3茶匙、細砂糖2大匙、白胡椒粉1/3大
匙。起鍋用香油半大匙。

切配：

花生略洗，泡水一晚，瀝乾再加水淹過，用電鍋蒸80分鐘，瀝起備用。竹
筍與木耳均經基本法處理（見P.15及P.16），熟筍切成青豆仁大小，熟木
耳略斬幾刀。蔥切段、薑切片、蒜拍扁切粗粒。南乳用濾網刮成泥狀。

做法：

1. 製作滷汁：熱鍋熱油，爆香蔥薑蒜，加入南乳等所有調料。
2. 燜滷入味：放入花生、竹筍、木耳，煮沸轉小火，上蓋燜30分鐘，中
   途翻動2至3次，最後大火收汁，起鍋淋油。

 口感與滋味：
花生酥軟，南乳味濃，有別於一般傳統滷花生。

椒香如意菜

材料：

黃豆芽800克、炸豆皮捲240克、青蔥2枝、中薑2塊、花椒粒4大匙（紅綠皆可）。

調料：

花生油4大匙、紹興酒2大匙、醬油2/3碗、清水300克、高湯200克、味精1/3茶匙、細砂糖3大匙、白胡椒粉半大匙、鹽巴2/3茶匙。起鍋用香油半大匙。

切配：

黃豆芽摘掉粗根。豆皮捲入沸水，加蓋浸泡5分鐘，沖水去油，擠乾切粗絲。蔥切段、薑切片。

做法：

1. 爆炒豆芽：熱鍋熱油，爆香蔥薑，投入花椒，聞到香氣，倒入豆芽，翻炒斷生，加入豆皮。

2. 調味燜煮：放入紹興酒等其他調料，翻拌煮沸轉中小火，上蓋燜15至20分鐘，每5分鐘翻動一次，最後開大火收汁，試味不足，加醬油調整，起鍋淋油。

口感與滋味：
香麻鹹甘，豆子爽，豆皮軟。

寧式滷發芽豆

材料：
發芽豆800克、熱水汆燙去味。

滷汁：
花生油3大匙、青蔥2枝切小段、中薑1塊切片、八角2粒、桂皮4公分一段、辣豆瓣醬2大匙、蠔油2大匙、醬油2大匙、紹興酒2大匙、清水400克、高湯300克、味精半茶匙、細砂糖1.5大匙、鹽巴1/3茶匙。

澆油：
香油2大匙、大紅辣椒3條去籽切末、青蔥2枝切末。

做法：
1. 製作滷汁：熱鍋熱油，爆香蔥薑、八角桂皮等香料，再下辣豆瓣醬、蠔油、醬油、紹興酒炒香，倒入清水高湯與味精鹽巴，煮沸加蓋燜3分鐘，撈掉辛香料。
2. 滷發芽豆：放入發芽豆，煮沸轉小火，上蓋燜50分鐘，中途翻拌4次，見殼微裂，手捏即爆，便轉大火收濃湯汁，然後將豆子倒進鐵盤裡，稍微鋪平。
3. 澆油拌勻：燒熱香油，投入蔥與椒，迅速回淋豆子，拌勻，置冷，即食。

 口感與滋味：
醬香味濃，鹹香微辣，口感微酥。

川椒發芽豆

材料：
發芽豆800克，熱水汆燙去味。

滷汁：
米酒2大匙、香菇素蠔油2大匙、醬油3大匙、細砂糖1/3大匙、白胡椒粉1/3大匙、清水400克、高湯400克、味精1/3茶匙、鹽巴1茶匙。

加料：
朝天椒45克，去蒂切末，入熱油，炒成泥。再備寶川粗顆粒花椒粉1.5大匙。

澆油：
香油3大匙、辣油1大匙、青蔥3枝切末、大蒜6粒切末。

做法：

1. 滷發芽豆：滷汁煮沸，入發芽豆，煮沸轉小火，上蓋煮50分鐘，中途翻拌4次。
2. 鋪盤加料：取出鐵盤，倒出豆子，稍微鋪平，淋上辣椒泥，撒上花椒粉。
3. 澆油拌勻：燒熱雙油，投入蔥與蒜，迅速回淋豆子，拌勻，置冷，即食。

 口感與滋味：
麻辣香鹹，臭臭香香最迷人。

紹子酸菜炒毛豆

材料：

豬絞肉300克、酸菜心200克、毛豆600克、綠竹筍1支、青蔥2枝、大蒜5粒、大紅辣椒3條。

調料：

花生油3大匙、紹興酒1大匙、廣生魚露1大匙、清水3大匙、味精1/3茶匙、細砂糖1茶匙。起鍋用香油半大匙。

切配：

毛豆、竹筍均經基本法處理（見P.16）。熟筍切丁、蔥蒜椒皆切末。絞肉炒成紹子（見P.20）。

酸菜心切末，先試味，若不死鹹，直接擠水備用；若很鹹，泡水3至5分鐘，擠乾水分，再用乾淨無油的鍋子炒香回魂。

做法：

1. **爆香炒料**：熱鍋熱油，爆香蔥蒜椒，紹子回鍋，熗紹興酒，放入酸菜、熟筍與清水等其他調料，翻拌1分鐘。
2. **毛豆回拌**：起鍋後，拌入熟毛豆、追加香油即可。

 口感與滋味：
酸菜脆，毛豆鮮，微微辣，料很多。

 **保師傅最後一課嗆辣登場**

保師傅香辣醬

秒殺義賣品，配方大公開！

一○一四年九月，很榮幸受邀參加廣播名人黎明柔「人來瘋跳蚤市場義賣活動」，這也是保師傅香辣醬第一次變成商品的時間。

柔柔姊一直是我們夫妻的貴人，幾年前她在中廣人來瘋（FM103每週一至週五晚上七點至十點）開闢「中華廚藝學院」單元，邀請我們上節目說菜，並開放全國聽眾提問有關烹飪的大小事。所以當她登高一呼，發出義賣邀請，我太太翻箱倒櫃找鍋子杯子等二手義賣品，而我就鑽進廚房製作保師傅私房香辣醬。

50罐手製私房香辣醬即將在現場義賣的消息，一貼上網便引發騷動，好多朋友提出預購、私售、偷留的要求，但是我真的只買了50個空瓶子，我老婆還一一寫上號碼、品名與製作日期；從飯店退休後，沒有開店做生意的打算，所以香辣醬真的純粹用於義賣。

義賣當天，每罐義賣價500元的香辣醬果真如預期掀起轟動，排隊秒殺，很多沒買到的朋友扼腕哀號，怨嘆吃不到該怎麼辦？所以直接在臉書上公開配方，大家都可以在家自製，真的很簡單又美味的辣椒醬。

保師傅私房香辣醬：

一、泰國椒600克和大蒜150克全放進調理機裡，倒入米酒至約椒蒜的六分高，再倒紹興酒至七分高，香油再加到九分高，蓋好蓋子，打15秒停機，再打15秒。

二、辣醬倒進炒鍋裡，加泰國魚露2大匙、泰國是拉差辣椒醬4大匙、客家豆腐乳1塊、腐乳汁1大匙、細砂糖1至2大匙，加糖是為了緩和辣味，而吃不出甜味。

三、煮沸後試味，喜歡味道重一點，可再加鹽巴調整，煮1分鐘後，用2大匙的太白粉水勾薄芡，可防止水油分離。

四、最後加檸檬汁或米醋2至3大匙，煮沸即成。等待辣醬完全冷卻，裝入乾淨的瓶子裡，冷藏可保存一個月，而且愈放愈香，拌麵沾醬，遇熱更發威，吃過者莫不驚豔！

五、如果你不敢吃太辣，可用大紅辣椒取代一半以上的泰國椒。祝大家吃得毛孔賁張、血氣翻騰、全身冒汗，大呼過癮！

Part 6

辣椒

川式小魚辣椒

材料：

翡翠椒8條、大紅辣椒8條、青蔥4枝、大蒜5粒、豆干5塊、丁香小魚乾120克。

調料：

植物油500克、辣油1大匙、米酒2大匙、醬油1大匙、清水4大匙、味精1/3茶匙、鹽巴半茶匙。起鍋用香油1/3大匙。

切配：

翡翠椒與大紅辣椒均帶籽斜切成片，蔥切段、蒜切片，豆干切絲。丁香小魚乾泡水1至2分鐘再瀝乾。

做法：

1. **炸香豆干：**豆干入攝氏175度炸油輕炸30秒，瀝出備用。
2. **炸酥魚乾：**原鍋原油，拉高油溫至攝氏175度，炸酥小魚乾，大約30秒再瀝出。
3. **炒椒調味：**原鍋留油2大匙，加入辣油，爆炒辣椒與蔥蒜，並將豆干回鍋，淋入米酒等其他調料，翻炒均勻，上蓋燜1.5分鐘。
4. **拌料混合：**見豆干軟化，加小魚乾拌炒，起鍋前滴香油。

 口感與滋味：

香鹹辣三味一體，比一般小吃店的更新鮮又好吃。

豆豉小魚辣椒

材料：
魩仔魚250克、濕豆豉80克、朝天椒400克、大蒜250克。

調料：
植物油450克、冰糖2/3大匙、醬油3大匙、鹽巴半茶匙、味精半茶匙。起鍋用香油1大匙。

切配：
朝天椒和大蒜均切粗末，或用調理機打碎。

做法：
1. 炸魩仔魚：魩仔入攝氏175度炸油炸酥，時間約40秒，瀝出備用。
2. 炒軟辣椒：原鍋原油，先放冰糖，見其融化轉焦，加大蒜、辣椒炒軟，再加入豆豉、醬油等調料，拌勻盛起。
3. 拌料組合：待辣椒冷卻，混入魩仔魚乾與香油即成。

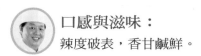 口感與滋味：
辣度破表，香甘鹹鮮。

特製油漬辣椒

材料：

豬梅花絞肉300克、朝天椒400克、大蒜250克、剝皮辣椒1瓶（400克）。

調料：

植物油450克、冰糖2/3大匙、醬油3大匙、剝皮辣椒汁3大匙、味精半茶匙、白胡椒粉1大匙、鹽巴半茶匙、細砂糖1大匙、香油1大匙。

切配：

朝天椒、大蒜、剝皮辣椒皆切粗末。絞肉炒成紹子（見P.20）。

做法：

1. **炒辣椒：**熱鍋熱油，先放冰糖，見其融化轉焦，放入辣椒與大蒜，炒至辣椒變軟。
2. **調味完成：**紹子回鍋，下剝皮辣椒、醬油等其他調料，炒勻即可。

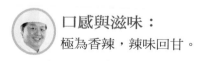 **口感與滋味：**
極為香辣，辣味回甘。

蝦米香味辣醬

材料：

蝦米120克、粗辣椒粉80克、朝天椒300克、紅蔥頭180克、大蒜200克。

調料：

植物油450克、蝦醬2大匙、米酒2大匙、魚露2大匙、味精1茶匙、細砂糖
1.5大匙。

切配：

蝦米泡水3分鐘，撈出瀝乾切碎成末。朝天椒切末，紅蔥頭切片。大蒜剁
成粗末，水洗去黏液，瀝乾再吸乾。

做法：

1. **炸蒜酥：**熱鍋熱油，油溫為攝氏150度，保持中火，先炸蒜，見浮起，
   轉小火，色微黃，即撈出，成蒜酥。注意時間，一旦炸老了，味道就
   苦了。
2. **炸蔥頭：**原鍋加少許冷油，令油溫降至攝氏160度，撒入紅蔥頭，同樣
   保持中火，炸至浮起，轉小火，色微黃，質地酥，即可撈出。
3. **炒蝦米：**原鍋留油一半，爆炒蝦米與粗辣椒粉，倒入蒜酥、油蔥酥拌
   勻盛起。
4. **炒辣椒：**剩油回鍋，炒朝天椒，盛起備用。
5. **大混合：**蝦醬加米酒調開，入鍋爆炒去腥，再將所有材料與調料回
   鍋，拌勻即可。

 口感與滋味：
香與臭，腥與鮮，充滿誘惑。

醋燒翡翠椒

材料：

翡翠椒18條、豆豉3大匙、青蔥3枝、大蒜8粒。

調料：

植物炸油300克、紹興酒2大匙、醬油3大匙、醬油膏1大匙、清水1又1/3
碗、味精1/3茶匙、細砂糖2大匙、五印醋2.5大匙、白胡椒粉半大匙。

切配：

蔥切段、蒜切粒。

做法：

1. **煎香椒蒜：** 取平底鍋炸翡翠椒，把椒當魚一樣煎，煎至兩面上色，甚
   至皺皮脫皮。翻面時，同時投入大蒜一起煎。
2. **燜燒入味：** 瀝出辣椒與蒜粒，原鍋留油3大匙，爆蔥段，炒豆豉，熗紹
   興酒等其他調料，放回椒與蒜，加蓋燜5分鐘，翻面再燜5分鐘，大火
   收汁，椒軟起鍋。

口感與滋味：

翡翠椒柔軟多汁，威力慢慢發作，怕辣又捨不得不吃。

炸醬麵

原料　絞肉半斤　撑南花椒油
蘋果青醬

蔥爆鍋　炒肉豆瓣醬加
肉炒起來。加水少許糖適量
高十分鐘即可出鍋。
手工面條最為佳。

一豆付卷　用開水燙六分鐘面不要太
熱青面　加麻...

打開冰箱就能開飯

文／王瑞瑤

我生長在一個山東家庭裡，擅長做菜的老爸，沒有吃剩菜的習慣，所以打開冰箱不見剩菜，但是冷藏室總是擺著幾坨麵團，以及一碗浮著厚厚一層白色凝固豬油的炸醬。

每每打開冰箱，炸醬一定擺在那裡，彷彿三百六十五天沒動過；但事實是，父親動不動就想吃炸醬麵，媽媽每次都做小小一碗公，等父親吃得差不多了，添新續舊再做一碗，讓炸醬天天都有，天天都透著新鮮。

我也喜歡吃炸醬麵，十幾歲時住桃園龜山，只要爸爸喊著說要吃炸醬麵，我便興奮地跳起來，從冰箱裡拿出一坨麵團，踩動著父親巧手設計的壓麵機，透過滾輪將麵團逐次來回擀壓均勻，最後調整滾輪的間距，擀出薄麵片，再將麵片伸進手搖的義大利製麵機裡咬住，轉個幾圈就完成王家獨有的手工拉麵。

笑咪咪的爸爸，笑咪咪的媽媽，還有同樣笑咪咪的我。
希望天上人間，大家都笑咪咪。

「大廚在我家」系列作者曾秀保與王瑞瑤。

　　做了記者，回家總晚，過了晚餐，沒麵可吃，但電鍋裡還熱著飯呢！添上一大碗也能拌炸醬，一吃也是一大碗公，而且跟吃麵條一樣，嘴裡丟顆大蒜一起嚼，愈吃愈過癮，管不了明天採訪對象聞了臭是不臭。

　　今年四月，父親安詳地走了，我回娘家，打開冰箱，不見炸醬，也不忍心，告訴媽媽，好想吃一碗有爸爸味道的炸醬麵。今年九月，我離開工作了十七年的中國時報，一邊收拾心情，一邊整理書稿；我先生曾秀保保師傅天天變著花樣，下廚燒菜給我吃，一開始我沒感覺，直到有一天，我發現不論我何時回家，打開冰箱就有菜吃，他想藉此告訴我，不管我作出什麼決定，跟著他一輩子都不會餓肚子。

　　我媽媽為我父親做炸醬的心情，我先生為我做常備菜的心意，都在表達愛；而《大廚在我家4：大廚常備菜》不只是一本有六十道好菜的食譜，更是一場永不停止、為愛料理的進行式。

全能料理名廚保師傅私藏食譜首度公開！

大廚在我家

六十道以上的家常菜、年菜、小菜，
跟著全能料理名廚學做菜，新手也能變專家，
讓你天天在家享受五星級料理！

曾秀保（保師傅）◎示範　王瑞瑤◎文·攝影

在台灣料理界無人不知、無人不曉的超級名廚「保師傅」，他細膩、講究又充滿創意的做菜手法，不但備受日本時尚設計大師三宅一生、台灣烹飪泰斗傅培梅的讚賞，連歷屆總統和企業名流也都是他的常客，並數度擔任國宴主廚。想學做菜？跟著保師傅準沒錯！

◎軟趴趴的雞肉如何變身「好吃到眼淚都要流下來」的白斬雞？
◎三招「牛肉基本法」就能讓牛肉變得又滑又嫩？
◎沒有添加物又好吃的蝦仁，原來是要靠「上漿」？
◎首度公開的「秘製紅油」，讓每道菜的美味都加倍？
◎不靠老滷加持，獨家速成老滷鍋就算拿來開店也沒問題？
◎番茄炒蛋不要濕答答，利用蛋液來「勾芡」是美味關鍵？
◎在餡裡「打水」，就能做出肉香十足、肉汁滿溢的超美味餛飩？
◎炒飯要用冷飯、熱飯，還是冰過的飯？美味全靠一點訣？

保師傅累積數十年經驗淬鍊出來的專業心得，使得本書中所傳授的都是真正禁得起考驗的料理訣竅！從年菜、家常菜，到經典菜和簡便小吃，六十道以上保師傅的獨門食譜，保證讓你家餐桌天天都上演色香味俱全的美食饗宴，從今以後，你就是大廚！

新手看訣竅，老手看門道，
國宴名廚**保師傅**13招獨門料理基本法，一本萬用！

大廚在我家❷
大廚基本法

料理一點都不難，練好基本法就能一通百通，
用最普通、最常見、最便宜的食材
也能做出好料理！

曾秀保（保師傅）◎示範　王瑞瑤◎著

中華料理千變萬化，八大菜系各自精采，看似難做，但其實只要把底子打好，什麼菜也難不倒！國宴名廚保師傅按照肉類、魚類、雞蛋、豆類、漬菜等平時最常用到的食材，整理出十三招料理基本法，並從中衍生出六十四道必學經典菜餚，從最家常的涼拌小黃瓜、荷包蛋、煎牛排，到行家級的紅燒黃魚、獅子頭、滷蹄膀……等等，只要學會基本法，從此料理任督兩脈全通，讓新手家常菜零失敗，老手功夫菜更上層樓！

◎手殘也能煎出超完美、零失敗、皮脆肉嫩又多汁的雞腿排？
◎如何蒸出外表滑如鏡、內裡不穿孔的嬌滴滴嫩蒸蛋？
◎大塊肉怎麼燉才入味？靈活運用分袋冷凍可以一餐變五餐？
◎食安風暴一波未平一波又起，該如何自製煉油？
◎豆類該如何處理才能去生拔臭，煮得嫩而不爛？
◎一條魚洗了三次還是魚腥沖天，原來是畫錯重點？
◎冷凍豬肉硬邦邦，怎麼冰才能又好切又不出水？
◎如何蒸出皮爆開、肉雪白，像猛男般的誘人蒸魚？

保師傅：有學生告訴我，自從跟我學做菜，並且回家試做之後，她的先生天天都回家吃晚飯，甚至還問明天要吃什麼？希望透過美食，找回更多的愛與關懷。

保師傅**傳奇涼麵宴**重現江湖！
15種麵條×40品醬汁×20道小菜，一次全公開！

大廚在我家❸
大師級涼麵

涼麵只能跟麻醬和小黃瓜談戀愛？
NO NO NO！看保師傅獨家發明跨界涼麵宴，
紅黃白綠各色俱全，酸甜鹹辣各味齊發，
單吃美味，混搭驚豔，天天都吃不膩！

曾秀保（保師傅）、王瑞瑤◎著

◎冬天吃麻辣鍋，夏天吃麻辣涼麵！體驗一口下肚、毛孔全開的暢快！

◎水果不是飯後專屬，做成醬汁清涼健康又消暑！

◎誰說涼麵沒營養？來口黑芝麻醬，香氣濃郁，溫醇順口，好吃又養生！

◎沒時間去泰國，那就來盤泰式涼麵吧！酸酸辣辣，讓人忍不住一口接一口！

◎涼麵也可以做成法式料理？最不可思議的組合，竟然如此美味！

◎什麼都吃膩了！不如將各國醬料混合重組，來個無國界涼麵吧！

炎熱的夏天，吃個涼涼的麵，令人胃口大開；但是，涼麵吃來吃去，總是那幾味，再好吃也會膩！大師級名廚保師傅曾經每年夏天都會舉辦「涼麵宴」，準備超過三十款醬汁、十多種麵條、數十道配料，供賓客任意混搭，一次嘗盡涼麵的各種風情：過癮的香麻熱辣、爽口的嗆酸微甜、濃郁的異國辛香⋯⋯各式各樣的味覺驚奇，徹底打破大家對涼麵的刻板印象！在本書中，保師傅大方公開已成絕響的「傳奇涼麵宴」的獨家配方，讓大家也可以在家自己製作連米其林名廚都吃不到的大師級涼麵，而且保師傅的醬汁用途廣泛，不僅涼麵，各式料理也都可以應用，讓你彈指之間廚藝升級，一本在手，變化無窮！

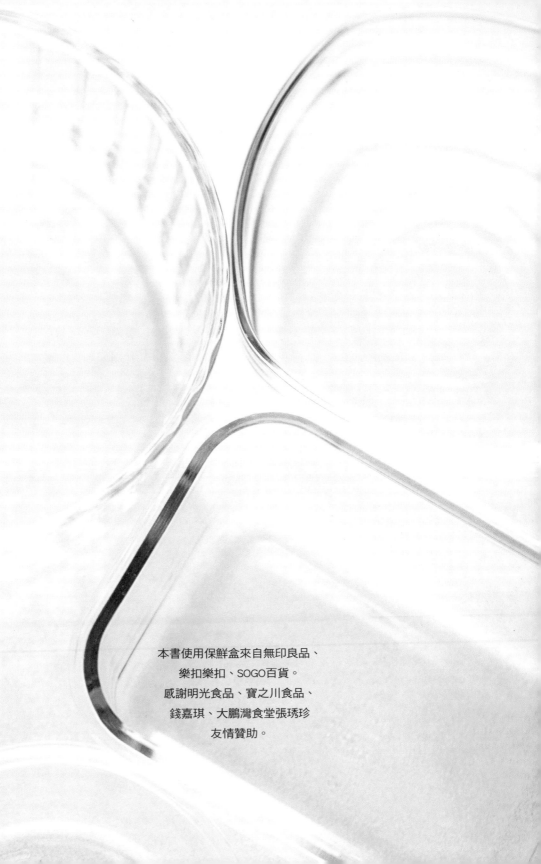

本書使用保鮮盒來自無印良品、
樂扣樂扣、SOGO百貨。
感謝明光食品、寶之川食品、
錢嘉琪、大鵬灣食堂張琇珍
友情贊助。

國家圖書館出版品預行編目資料

大廚在我家4大廚常備菜 / 曾秀保，王瑞瑤著.
-- 初版. -- 臺北市：皇冠，2015.12
面；公分. --（皇冠叢書；第4514種）(玩味；9)
ISBN 978-957-33-3199-5(平裝)

1.食譜

427.1   104025037

皇冠叢書第4514種
玩味 **09**

大廚在我家4

大廚常備菜

作　　者―曾秀保、王瑞瑤
發 行 人―平雲
出版發行―皇冠文化出版有限公司
　　　　　台北市敦化北路120巷50號
　　　　　電話◎02-27168888
　　　　　郵撥帳號◎15261516號
　　　　　皇冠出版社(香港)有限公司
　　　　　香港銅鑼灣道180號百樂商業中心
　　　　　19字樓1903室
　　　　　電話◎2529-1778　傳真◎2527-0904
總 編 輯―許婷婷
美術設計―宋萱
攝　　影―高政全
著作完成日期―2015年
初版一刷日期―2015年12月
初版四刷日期―2023年4月

法律顧問―王惠光律師
有著作權‧翻印必究
如有破損或裝訂錯誤，請寄回本社更換
讀者服務傳真專線◎02-27150507
電腦編號◎542009
ISBN◎978-957-33-3199-5
Printed in Taiwan
本書定價◎新台幣350元/港幣117元

● 皇冠讀樂網：www.crown.com.tw
● 皇冠Facebook：www.facebook.com/crownbook
● 皇冠Instagram：www.instagram.com/crownbook1954
● 皇冠蝦皮商城：shopee.tw/crown_tw